KB116960

지식인마을13

나가오카 & 유카와

아시아에서
과학하기

지식인마을 13 아시아에서 과학하기
나가오카 & 유카와

저자_ 김범성

1판 1쇄 발행_ 2006. 11. 20.
2판 1쇄 발행_ 2013. 11. 26.
2판 2쇄 발행_ 2018. 7. 2.

발행처_ 김영사
발행인_ 고세규

등록번호_ 제406-2003-036호
등록일자_ 1979. 5. 17.

경기도 파주시 문발로 197(문발동) 우편번호 10881
마케팅부 031)955-3100, 편집부 031)955-3200, 팩스 031)955-3111

값은 표지에 있습니다.
ISBN 978-89-349-2133-2 04400
        978-89-349-2136-3 (세트)

홈페이지_ http://www.gimmyoung.com   블로그_ blog.naver.com/gybook
페이스북_ facebook.com/gybooks   이메일_ bestbook@gimmyoung.com

좋은 독자가 좋은 책을 만듭니다.
김영사는 독자 여러분의 의견에 항상 귀 기울이고 있습니다.

지식인마을13

나가오카 & 유카와
長岡半太郎 & 湯川秀樹
아시아에서 과학하기

김범성 지음

김영사

역사는 과거가 아닌 미래를 위한 것

'우리도 일본처럼 빨리 서구의 과학과 기술을 받아들였다면……' 하는 생각을 하는 한국 사람이 적지 않으리라 생각된다. '그랬으면 우리가 일본의 식민지는 되지 않았을 텐데', '그랬으면 우리도 많은 세계적인 과학자들을 배출했을 텐데', 그리고 '지금쯤이면 우리도 선진국이 되어 있을 텐데' 하는 아쉬움들…….

하지만 역사란 우리가 걸어온 길에 대해서는 대답을 해줄 수 있어도 우리가 걸어오지 않은 길에 대해서는 아무런 설명도 제공해줄 수 없다. 우리는 일본과는 다른 길을 걸었고, 그것이 우리가 현재 살고 있는 모습과 관련을 맺고 있다는 것, 이것이 역사가 제공할 수 있는 가장 솔직한 답변일 것이다.

그렇다고 역사를 과거 지향적인 것이라고 치부해버리는 것은 현명한 태도가 아니다.

우선, 역사란 우리의 현재 모습을 이해하는 데 하나의 좋은 길잡이가 된다. 지금 우리가 보는 그림은 과거의 화가들이 그린 획 하나하나가 겹치고 덧칠돼 만들어진 것이기 때문에, 현재 우리가 지닌 문제를 이해하기 위해서는 과거의 원인을 찾아 나설 필요가 있다.

또 역사란 우리의 미래를 상상하는 데 도움을 주는 구체적인 근거다. 지금과는 다른 과거를 관찰하고 그 차이를 이해하는 것은, 역시 지금과는 다를 수밖에 없는 미래를 전망하는 시야의 폭을 넓혀주고 사고의 깊이를 더해주는 계기가 되는 것이다.

야구 시합은 9회까지 마치면 끝나게 되고 승패도 이에 따라 결정되지만 역사에는 정해진 9회 말이 없다. 부모에게서 자식으로, 스승에게서 제자로, 그리고 때로는 적에게서 동지로, 원인과 결과가 꼬리에 꼬리를 물고 이어지는 것이다. 그렇기 때문에 '3회 말 찬스에서 무리하게 도루를 시도하지 않았더라면', '5회 초에 한 박자 빠르게 투수를 교체했더라면' 하는 아쉬움 섞인 가정을 하기보다는, 지금까지의 경기 상황을 되새겨보며 게임의 흐름을 이해하고, 이를 바탕으로 앞으로 어떤 작전을 펼쳐나갈지 생각하는 게 현명한 태도가 아닐까.

역사와 마찬가지로 지식에도 9회 말은 없다. 살아 있는 지식이란, 어느 한 시점에서 완결된 것이 아니라 조금씩 고쳐지면서 발전해나가는 것이다. 그리고 그러한 작업은 누군가가 혼자 하는 것이 아니라 많은 사람들의 끊임없는 노력과 새로운 아이디어를 통해 이루어지는 것이다. 나 또한 여기서 일일이 열거하는 것이 불가능할 정도로 많은 분들로부터 직접 가르침을 받으면서, 혹은 책이나 논문을 통해서 많은 것을 배워왔다. 상세한 참고문헌과 각주를 통해 내가 빚지고 있는 지식에 대한 경의를 표하는 것이 학문의 태도임을 잘 알고 있지만, 지면 관계상 그렇게 하지 못하는 점에 대해서 양해를 구한다.

　이 책에서는 나가오카 한타로와 유카와 히데키라는 두 명의 일본 과학자들의 삶과 과학에 대한 밑그림을 그려봤다. 여기에 어떻게 자기만의 풍성한 색깔을 입혀나갈지, 그리고 어떻게 덧칠을 해나갈지는 모두 독자 여러분의 몫이다.

김범성

〈지식인마을〉시리즈는…

〈지식인마을〉은 인문·사회·과학 분야에서 뛰어난 업적을 남긴 동서양대표 지식인 100인의 사상을 독창적으로 엮은 통합적 지식교양서이다. 100명의 지식인이 한 마을에 살고 있다는 가정 하에 동서고금을 가로지르는 지식인들의 대립·계승·영향 관계를 일목요연하게 볼 수 있도록 구성했으며, 분야별·시대별로 4개의 거리를 구성하여 해당 분야에 대한 지식의 지평을 넓히는 데 도움이 되도록 했다.

〈지식인마을〉의 거리

플라톤가　플라톤, 공자, 뒤르켐, 프로이트 같이 모든 지식의 뿌리가 되는 대사상가들의 거리이다.

다윈가　고대 자연철학자들과 근대 생물학자들의 거리로, 모든 과학 사상이 시작된 곳이다.

촘스키가　촘스키, 베냐민, 하이데거, 푸코 등 현대사회를 살아가는 인간에 대한 새로운 시각을 제시한 지식인의 거리이다.

아인슈타인가　아인슈타인, 에디슨, 쿤, 포퍼 등 21세기를 과학의 세대로 만든 이들의 거리이다.

이 책의 구성은

〈지식인마을〉 시리즈의 각 권은 인류 지성사를 이끌었던 위대한 질문을 중심으로 서로 대립하거나 영향을 미친 두 명의 지식인이 주인공으로 등장한다. 그리고 다음과 같은 구성 아래 그들의 치열한 논쟁을 폭넓고 깊이 있게 다룸으로써 더 많은 지식의 네트워크를 보여주고 있다.

초대 각 권마다 등장하는 두 명이 주인공이 보내는 초대장. 두 지식인의 사상적 배경과 책의 핵심 논제가 제시된다.

만남 독자들을 더욱 깊은 지식의 세계로 이끌고 갈 만남의 장. 두 주인공의 사상과 업적이 어떻게 이루어졌으며, 그들이 진정 하고 싶었던 말은 무엇이었는지 알아본다.

대화 시공을 초월한 지식인들의 가상대화. 사마천과 노자, 장자가 직접 인터뷰를 하고 부르디외와 함께 시위 현장에 나가기도 하면서, 치열한 고민의 과정을 직접 들어본다.

이슈 과거 지식인의 문제의식은 곧 현재의 이슈. 과거의 지식이 현재의 문제를 해결하는 데 어떻게 적용될 수 있는지 살펴본다.

이 시리즈에서 저자들이 펼쳐놓은 지식의 지형도는 대략적일 뿐이다. 〈지식인마을〉에서 위대한 지식인들을 만나, 그들과 대화하고, 오늘의 이슈에 대해 토론하며 새로운 지식의 지형도를 그려나가기를 바란다.

지식인마을 책임기획 **장대익**
서울대학교 자유전공학부 교수

Contents 이 책의 내용

Chapter

3 대화

야구와 과학, 변방에서 중심으로 · 142

Chapter

4 이슈

長岡半太郎

초대

INVITATION

湯川秀樹

지도 없이 여행하기

미지의 세계를 탐구하는 사람들이란 지도를 지니고 있지 않은 여행자다. 지도는 탐구의 결과로 만들어지는 것이다. 목적지가 어디에 있는지는 아직 모른다. 물론 목적지를 향해서 곧바로 뻗어 있는 길은 아직 존재하지도 않는다.

눈앞에 보이는 것은 앞서 간 사람들이 어느 정도 개척해놓은 길뿐. 그 길을 똑바로 헤쳐 가기만 하면 목적지에 다다를 수 있는 것인지, 아니면 도중에 다른 방향으로 길을 내야 하는 건지.

"꽤 이리저리 돌아서 왔네."

이런 이야기를 할 수 있는 것은 목적지를 발견한 후에나 가능한 일이다. 일단 목적지를 발견한 다음이라면 곧바로 뻗은 길을 내는 것은 그다지 어려운 일이 아니다. 이리저리 돌아가면

서, 그리고 길을 열어나가면서, 어떻게든 목적지에 다다르는
것이 가장 어려운 일이다.

유카와 히데키, 《여행자, 어느 물리학자의 회상(旅人, ある物理学者の回想)》(1960)

이 책의 주인공 가운데 한 사람인 유카와 히데키는 자서전에
서 새로운 지식을 창출해내는 과정을 '지도 없이 여행하기'에 비
유했다. 지식을 얻는다는 것은 단순히 누군가 밝혀낸 지식들을
흡수해가는 과정이 아니라 스스로 목적지를 발견하고 그곳까지
어떻게 가야 하는지 궁리하고, 그 길을 자기 힘으로 헤쳐나가는
것을 의미한다. 따라서 지식을 찾아내는 과정이란, 스스로 생각
해서 의미 있는 물음을 던지고 손과 발을 움직여가며 그에 대한
믿을 만한 대답을 얻어가는 과정인 셈이다. 여기서는 우선 이 책
전체에서 어떠한 질문을 던질지, 어떤 질문을 머릿속에 새겨 두
면서 이 책을 읽어나갈지 생각해보자.

독자 여러분도 들어 본 이름인지 모르겠지만, 이 책의 주인공
은 두 명의 일본인 물리학자, 나가오카 한타로와 유카와 히데키
다. 두 사람 모두 '원자'에 관한 연구에서 업적을 세워 세계적인
명성을 얻었다. 특히 유카와는 1949년에 일본인으로서는 처음으
로 노벨 물리학상을 수상하기도 했다. 그런데, 여기서 몇 가지
의문이 떠오른다.

일본인 물리학자? 글쎄……

교과서에서든 위인전에서든 영국인이나 프랑스인, 독일인, 미국인 과학자에 대한 이야기는 자주 접해봤어도 일본인 과학자 이야기는 별로 들어본 적이 없는 것 같다. 과연 이 두 사람은 정말 중요한 사람일까?

"일본 사람은 흉내는 잘 내도 독창적인 연구에는 소질이 없다"는 이야기를 자주 듣는데, 이 두 사람도 그저 남을 잘 흉내 낸 사람들에 불과한 것이 아닐까? 그리고 '세계적으로 유명하다'는 건 도대체 무슨 뜻일까? 과연 누가 누구에게 '세계적으로 유명한'이라는 수식어를 붙이는 걸까?

노벨상을 타면 그냥 저절로 유명한 사람이 되는 건가? 노벨상의 수상 기준도 꼭 공평한 것은 아니라는 이야기도 어디선가 들은 것 같은데……. 왜 이 책에서는 우리나라 사람도 아닌 일본 사람들 이야기를 굳이 다루겠다는 걸까?

이러한 궁금증들을 한꺼번에 다 해결할 수는 없는 일이다. 원래 지식을 얻는 과정에서는 헤매는 일도 있고, 막다른 골목에 들어설 수도 있다. 그럴 때마다 처음에 던졌던 질문을 되새겨보자. 왜 이런 질문을 했지? 그러한 질문에 대한 대답을 얻어내려면 어떻게 해야 할까? 그리고 일단 그에 대한 나름의 해답을 찾아낸 후에도 약간의 궁금증은 남겨두기를 바란다. 목적지라고 생각했던 바로 그곳 뒤에는 더 크고 멋진 진짜 목적지가 있을지도 모르니까.

'세계적인 과학자'에 대한 열망

앞에서 '세계적으로 유명하다'는 것은 대체 누가 어떻게 결정하느냐 하는 질문을 던졌는데, 이것을 뒤집어 생각해보면 '세계적으로 유명하다'라고 강조한다는 건 그만큼 '세계적인' 인물이 부족하다는 것을 의미하기도 한다. 누구나 알다시피 태권도 종주국인 우리나라에서는 실력 있는 태권도 선수를 굳이 '한국이 낳은 세계적인 태권도 선수'라고 부르지 않는다. 당연히 우리가 다른 나라보다 잘해야 하는 건데, 거기에다 '세계적인'이라는 수식어를 붙이는 게 우습지 않은가! 하지만 월드컵 축구나 월드 베이스볼 클래식에서 우리나라 팀이 4강에 올라갔을 때는 모두들 "우리 실력도 이제 세계적이야"라며 자랑스러움을 느끼게 된다. 이와 같이 자랑스럽게 말하는 '세계적'이라는 수식어에는 알게 모르게 약간의 열등감이 숨어 있는 것은 아닐까?

그렇게 생각해보면, 우리가 노벨상 수상자나 '세계적인 과학자'에 목말라 한다는 것은 그만큼 과학 분야에서 열등감을 지니고 있음을 반영하는 것일 수 있다. 물론 세계적인 과학자가 되기 위해서는 그에 걸맞은 실력과 업적이 필요하다. 하지만 만약 우리나라의 과학 분야 전체가 세계에서 선두권에 진입해 있다고 모두가 생각한다면, 일부의 과학자를 굳이 '세계적'이라고 내세우지는 않을 것이다.

많은 사람들이 우리나라가 과학 선진국이 되기를 바라면서, 동시에 아직은 그렇지 않다는 것도 인정하고 있다. '세계적인' 한국인 과학자가 나타나 주기를 갈망해왔기 때문에 '세계적인 과학자'이기를 기대했던 한 명의 한국인 과학자가 연구 과정에서 부정행위로 몰락해갔을 때, 그만큼 커다란 충격을 받았던 게 아닐까?

이 책의 두 주인공인 나가오카와 유카와 앞에도 '세계적인'이라는 수식어가 붙을 정도로 일본 역시 우리와 비슷한 열망을 지니고 있다. 그리고 여전히 일본에서도 새로운 노벨상 수상자가 나올 때마다 열광하는 모습을 보이는 것은 그만큼 아직도 과학 분야에 대한 열등감이 남아 있음을 의미하는 것이다. 첨단기술로 상징되는 일본이 말이다.

이런 점에서, 이 책의 주인공인 나가오카와 유카와의 이야기는 결코 우리와 무관하지 않다. 이들 두 명의 과학자가 활동했던 과거 일본의 모습이 현재의 우리나라와 얼마나 비슷했고 또 어떤 점이 달랐는지 짚어가는 과정에서 우리의 현 위치에 대해 폭넓게 이해할 수 있기 때문이다. 두 명의 일본인 과학자를 바라보는 렌즈를 통해 현재 우리의 모습을 읽어보고, 어떤 방식으로 미래에 대한 전망을 내놓을지 생각해보는 것이 이 책의 목적이다.

'사무라이, 게이샤, 그리고 과학자?

앞에서 '일본인들은 흉내만 낼 줄 알았지 독창적인 성과는 잘 내지 못한다'는 소문에 대해 이야기했다. 하지만 이러한 주장에는 서구 문명만이 독창적이고 합리적이라는 서구인들의 편견이 들어 있다는 시각도 있다. 지금도 우리는 서구인이 우리 한복을 입고 있다면 신기한 눈으로 쳐다보지만, 100년 전의 서구인들에게 과학을 연구하는 일본인들 역시 낯선 존재가 아니었을까?

사무라이〔侍〕와 게이샤〔藝者〕. 최근에도 〈라스트 사무라이〉(2003)나 〈게이샤의 추억〉(2005) 같은 할리우드 영화가 만들어지는 것을 보면, 아직도 서구인들은 '일본인' 하면 사무라이나 게이샤와 같은 이미지가 떠오르나 보다. 왜 그런 빛바랜 과거의 이미지들이 아직도 남아 있는 것일까?

사무라이와 게이샤는 서구인들이 보기에 자신들과는 무척 다른 낯선 이미지다. 포로의 인권까지도 보장하는 '인도적인' 서구인들과 달리, 명예를 위해서라면 스스로 할복까지 한다는 사무라이의 낯선 잔인함이 들어 있는 것이다. 한편 뭇 남성들이 정복 대상으로 여기는 게이샤는 묘한 충절과 미의식을 지니고 있다.

자신들과는 다르고 이해하기는 힘들지만 뭔가 있을 것 같은 '고상한 야만인'의 이미지. 충절·절제·명예를 알기는 하지만 서구인들과 같은 인도주의나 민주주의, 합리성이나 개인주의와는 다른 가치관을 지닌 것 같은 사람들의 존재. 그것이 서구인들의 프리즘을 통해 만들어져온 일본인의 이미지가 아니었을까?

단순하게 이야기하자면, 서구인들은 다른 문화권의 사람들을 '남'으로, 즉 민주적이고 합리적이며 능동적이고 진보적인 자신들과 달리 전제주의적이고 감성적이며 수동적이고 정체된 사람으로 그려왔다고 할 수 있다.

만약 '일본인 과학자'가 아직도 조금 낯설게 느껴진다면, 그것은 혹시 그들이 이런 오리엔탈리즘적인 이데올로기와 모순된 존재이기 때문은 아닐까? '일본인들은 흉내는 잘 내지만 독창적인 것은 잘 하지 못한다'는 소문 속에는 혹시 '사무라이 과학자'라는 우스꽝스런 이미지가 녹아들어 가 있는 것은 아닐까? 기술대국 일본이 아직도 노벨상 수상자를 배출하고 싶어서 안달하고 있는 배후에는 이러한 강박관념이 있는지도 모른다.

일본인과 일본 과학에 대한 온갖 소문들은 우리에게 익숙한 것이기도 하고 다른 한편으로는 낯선 것이기도 하다. 일제의 식민 지배를 겪었던 우리가 일본에 대한 부정적인 이미지를 가지고 있는 것은 당연하다. 일본의 과학기술이 대단할 게 없다는 소문은, 우리에게 곧 따라잡을 수 있다는 자신감을 주기도 한다. 그럼에도 불구하고 뭔가 낯설다. 그런 소문의 안경을 쓰고 일본의 과학기술을 바라보면, 뭔가 초점이 안 맞는 듯 흐릿하게 보인다. 일본은 분명히 선진국인데도 말이다. 그렇다면 그건 혹시, 그 안경이 우리의 시력에 맞춰 만들어지지 않은 탓은 아닐까?

우리에게 맞는 안경을 찾기 위해, 일본의 물리학자들이 어떠한 환경에서 어떤 식으로 연구를 해왔는지 한 번 더듬어보자. 다시 말해, 과학 후진국이었던 상황에서 노벨 물리학상 수상자를 배출하게 되기까지의 과정을 살펴보자는 것이다.

'과학 연구가 이루어지는 환경

서구의 과학은 일본인에게도 처음에는 낯선 것이었고, 일본 역시 과학 후진국의 입장에서 출발할 수밖에 없었다. 유명한 메이지유신明治維新이 일어난 것은 1868년, 도쿄 대학이 설립된 것도 1877으로 모두 19세기 후반이었다. 그런데 20세기 초반에 이르러 나가오카 한타로라는 일본인 과학자는 이미 원자의 구조에 대한 모형을 제안해 과학사에 이름을 남겼다. 그리고 1930년대에 유카와 히데키라는 과학자는 '중간자'라는 입자를 예측해 세계 물리학계의 관심을 모았다. 그렇다면, 과연 이 책의 주인공들은 불리한 여건 속에서 어떻게 유명한 과학자로 성장해갈 수 있었던 것일까?

과학자를 둘러싼 소문들 중 하나는 그들의 '천재성'에 대한 이야기다. 보통 사람이 할 수 없는 일을 천재는 할 수 있다는 이야기. 하지만 "그 사람은 천재라서 그런 위대한 업적을 남길 수 있었다"고 해버리면, 실제 그 사람이 어떤 환경에서 얼마나 노력해 그와 같은 뛰어난 업적을 남길 수 있었는지에 대해 아무런 설명도 해주지 못한다. 그뿐 아니라 천재가 아닌 보통 사람들이 그들에게서 얻을 수 있는 교훈도 차단해버린다. 그 위대한 사람이 했을지도 모르는 고민과 노력은 모두 '천재성'이라는 호리병 속에 갇힌 채 잊혀져버리고 마는 것이다.

또한, 이렇게 과학자의 위대한 업적을 단순히 "그 사람은 천재니까"라고 이야기해버리면, 앞으로 과학을 어떻게 발전시켜나갈 것인가에 대한 아무런 도움도 얻을 수 없다. 천재가 모든 걸 해결해준다면 가장 중요한 일은 그런 천재를 찾는 것이 된다. 그렇게 되면 교육도, 좋은 연구 환경을 만들어주는 것도, 유학을 보내는 것도 다 부차적인 일이 되어버리는 것은 아닐까?

개인의 능력에 차이가 없다고 주장하는 것은 결코 아니다. 하지만 천재에 대한 과도한 기대는 사람의 능력을 개인 차원의 지능지수, 또는 뇌의 구조로 환원시킴으로써 그 능력을 발휘할 교육 및 연구 환경에 대한 관심을 약화시킬 우려가 있다. 하지만 예나 지금이나 유능한 과학자들은 외국으로 유학을 가기도 하고, 연구 예산을 확보하기 위해 바쁘게 뛰어다니기도 하며, 연구 환경이 좋은 기관으로 자리를 옮기는 등 끊임없는 노력을 기울이고 있다.

과학의 변방에 있는 과학자들은 이러한 환경의 어려움을 겪는 경우가 많다. 축구나 야구의 경우에도 '세계 수준에 비해 열악하기 짝이 없는' 시설과 장비에 대한 비판이 흔하지만, 과학 연구의 경우에도 축구나 야구 못지않게 환경의 차이가 중요하다.

우선, 과학 연구에는 정밀하고 비싼 실험장치가 필요한 경우가 많다. 아울러, 과학의 중심부가 아닌 곳에서 이루어진 연구 결과는 주목받거나 평가받기가 쉽지 않다. 그렇기 때문에 과학자들은 연구비를 얻기 위해 경쟁을 하고, 다른 연구기관으로 옮기기도 하며, 미국이나 유럽의 유명한 잡지에 논문을 내기 위해 애를 쓰는 것이다.

초창기 일본 과학자들에게 '서구가 아닌' 지역에서 과학을 한다는 것은 이러한 주변성을 짊어진 채 연구를 수행해야 한다는 것을 의미했다. 현재 우리나라 과학자들의 경우에도 이러한 어려움을 겪는 경우가 적지 않다.

나가오카 한타로와 유카와 히데키

이 책의 주인공인 나가오카 한타로와 유카와 히데키는 한 세대 정도의 차이가 난다. 1865년에 태어난 나가오카가 1907년에 태어난 유카와보다 마흔두 살 위고, 과학자로서 활발한 활동을 보인 시기는 나가오카가 주로 1900년대부터, 유카와는 1930년대부터였다.

그런데 이 두 사람은 물리학자로서 원자의 구조에 대한 연구로 이름을 날렸다는 공통점도 있고, 당대 일본을 대표하는 과학자로서 명예를 누렸다는 점에서도 서로 닮았다. 즉 '과학자의 옷을 입은 사무라이'라고 하는, 과학과 일본이라는 묘한 모순성에서 돌출된 존재였던 것이다. 그들은 칼 대신 과학의 힘으로 세계에 도전하고자 했다.

그러나 이들 사이에 한 세대 이상의 시대적 차이가 있듯, 그들이 경험한 과학 연구의 배경에도 차이가 있었다. 나가오카는 일본 내의 대학에서도 외국인 교수에게서 외국어로 과학을 배울 수밖에 없었지만, 유카와는 외국 유학조차 다녀오지 않았다. 즉 나가오카가 과학자로서의 장래를 좌절할 정도로 열악했던 일본 과학의 주변성이, 유카와의 경우에는 그렇게까지 무거운 부담으로 다가오지는 않았던 것이다. 그리고 서구의 과학자들과 어깨를 나란히 하고자 했던 나가오카의 꿈은 유카와에 의해 비로소 실현되었다.

나가오카 한타로長岡半太郎, 1865~1950는 이른바 '토성 모양' 원자 모델을 고안한 것으로 알려져 있다. 당시 세계 물리학계의 근본적인 문제였던 '원자' 문제를 그의 연구가 건드린 것이다. 이러한 업적을 바탕으로 나가오카는 1912년에 런던 물리학회 명예회원으로 추대되는 등 해외에서도 비교적 널리 알려진 일본인 과학자로 성장했다.

하지만 나가오카는 대학에 들어간 직후 '서구인이 아닌 아시아인도 과학자가 될 수 있는가'를 심각하게 고민하면서 휴학까지 할 정도로 아시아인의 과학 능력에 대해 회의를 품은 적이 있었다. 이후 그는 중국의 고전을 통해 동아시아인의 과학 능력에 대해 자신감을 얻게 되었으며, 하루빨리 일본의 과학자들이 서구 과학자들과 어깨를 나란히 할 정도로 성장하게 되기를 희망했다.

그러나 이러한 그에게 당시 일본에서 이루어지고 있던 과학 활동은 '근본적인 문제에 대한 관심이 부족하다'는 면에서 적잖이 실망스러운 것이었다. 1913년부터 노벨상 수상자 추천을 의뢰받았던 그가, 일본인의 수상을 무척이나 열망하면서도 1940년 이전까지는 줄곧 외국의 과학자만을 후보로 추천할 정도였다.

유카와 히데키湯川秀樹, 1907~1981는 이런 나가오카가 처음으로 노벨상 후보로 추천한 일본인이었다. 즉 나가오카가 마음속에 지니고 있던 모순, 즉 '세계적인 일본인 과학자가 등장하기를 바라는 희망'과 '실제로는 지엽적인 문제에만 매달려 세계 과학계에 공헌하는 데 한계가 있는 일본인들의 연구' 사이에서 방황하던 자신의 불만을 해소시키고 그 꿈을 이루어준 것이 바로 유카와 였다.

유카와의 연구는 원자핵 내부의 구조를 다루었다는 점에서 당시 세계 물리학계의 중심 연구 과제에 도전한 것이었다. 아울러, 나가오카를 유명하게 한 것이 원자의 구조에 대한 연구이고, 유카와는 그 원자의 내부에 있는 원자핵을 다루었다는 점에서도 두 과학자 사이에는 연속성이 있다고 하겠다.

한편, 유카와도 '아시아인에게도 과연 과학 연구의 능력이 있는가' 하는 나가오카의 고민을 '근본적인 문제'라고 부를 정도로 문제의식을 공유하고 있었다. 유카와는 "오랫동안 일본인은 자기 자신을, 혹은 가까운 사람을 비하하고 대신 멀리 있는 사람에게 권위를 구해왔다. 이런 가운데 나가오카는 일종의 상쾌한 충격을 준 존재였다"고 말한 바 있다. 즉 나가오카는 유카와에게 일본 과학의 주변성에 대한 하나의 해결 방향을 제시해 준 존재였던 것이다.

특히 1900년대 당시 영국, 독일, 프랑스와는 비교조차 할 수 없었던 일본 물리학계의 전반적인 상황에서 나가오카가 물리학의 근본 문제였던 원자 구조의 탐구에 도전한 것 자체가 유카와로서는 놀랄 만한 일이었다. 물리학 교육을 받은 일본인들이 주로 지역적인 문제나 실용적인 문제에 관심을 가지고 있었을 때, 서구인들도 아직 해결하지 못한 문제에 함께 도전장을 던진 나가오카야말로, 유카와가 그 이후 연구를 해나가는 하나의 모델이었다고도 할 수 있다.

이제 본격적으로 나가오카와 유카와가 어떤 상황에서 어떻게 연구를 해나갔는지 차근차근 살펴보기로 하자.

長岡半太郎

 만남

MEETING

湯川秀樹

동아시아가
과학기술을 만났을 때

서구에서 출발한 현재의 과학과 기술

과학이나 기술은 아무래도 우리 것이라기보다는 서구의 것이라는 느낌이 든다. 우리가 교과서나 위인전 등을 통해 접하는 과학자나 발명가들은 대부분 서구 사람들 아닌가.

그런데 이렇게 이야기하면, 우리나라에도 예전부터 뛰어난 과학적 또는 기술적 성과들이 있었다는 점을 지적하는 독자들도 있을 것이다. 측우기, 자격루, 거북선, 금속활자 등등. 대부분의 한국인들은 우리 조상들이 이루어낸 과학기술적 성과들을 잘 기억하고 있다. 또한 우리에게도 자연을 이해하는 체계적인 이해 방식이 있었다는 점도 이미 알려진 사실이다.

그렇다. 우리도, 그리고 동아시아 사회도 서구를 만나기 이전에는 비합리적이고 무지몽매한 상태에 있다가 서구에 의해 계몽됨으로써 비로소 합리적이고 과학적인 세계를 이해했다고 하는 단순한 이야기는 받아들이기 힘들다. 자연 세계를 이해하는 밝은 지혜가 서구인들만의 전유물이 아니며 고대 중국인도, 인도인도, 이슬람 세계의 사람들도, 그리고 그 외의 많은 문화권이 각자 나름대로 자연에 대한 체계적인 이해 방식을 지니고 있었다.

과학을 '자연에 대한 체계적인 이해', 그리고 기술을 '자연 환경을 인간에게 유용한 형태로 바꾸려는 노력'으로 정의한다면, 과학과 기술은 결코 서구인들의 전유물이 될 수 없으며 오히려 인류가 거의 보편적으로 지녀 온 속성이라고 할 수 있다.

하지만 동시에, 현재 우리가 접하고 있는 과학기술의 대부분이 서구에서 유래했다는 것은 부인하기 어려운 사실이다. 학교에서 배우는 대부분의 과학 법칙들에 서구인의 이름이 붙어 있는 것도 그렇고, 자동차에서 전화, 텔레비전, 컴퓨터에 이르기까지, 문명의 이기로 누리고 있는 물건 대부분이 서구에서 유래한 것도 사실이다.

'0'이라는 숫자의 개념이 인도에서 유래했고 '알칼리'라는 말이 이슬람 세계에서 유래했다는 것을 알게 됨으로써 서구만이 과학 정신을 지니고 있는 것은 아니라는 점을 배울 수 있지만, 그렇다고 원자폭탄이나 잠수함을 만들고 전 세계에 철도망, 비행기 노선, 인터넷망을 깔아놓은 압도적인 서구 과학기술의 역사가 지워지는 건 아니다.

모든 문화권이 나름의 과학과 기술을 지니고 있지만, 지금은 왜 우리 주변에 있는 과학기술 대부분이 서구에서 유래한 것일까? 곰곰이 생각해보면, 서구가 과학기술 면에서 다른 지역을 압도한 것은 겨우 최근 몇 세기의 일이라는 점을 알 수 있다. 화약, 종이, 나침반이 중국에서 발명되어 유럽으로 퍼져 나갔다는 사실은 이미 널리 알려진 바다. 또한 '르네상스'라는 이름으로 알려진 역사적 사건에서는 이슬람 세계가 지니고 있던 고대 그리스의 지식과 지혜를 서구인들이 배우는 과정이 필수적이었다.

이처럼 수천 년 전부터 서구인들이 다른 문명을 압도했던 것은 아니다. 이 말이 믿기지 않으면 과학 교과서에 나오는 서구 과학자들이 태어나고 사망한 해를 찾아보라. 대부분 17세기 이후 사람들일 것이다. 산업혁명의 상징처럼 여겨지는 제임스 와트James Watt, 1736~1819도 18세기에 태어나서 활약한 사람이다.

그렇다면 왜 상황이 달라지게 된 것일까? 오랫동안 과거 중국의 과학기술 전통을 연구해온 학자들은 왜 그토록 찬란했던 중국의 과학기술이 서구에게 밀려났는지 궁금하게 여겨왔다. 이에 대해 중국의 경우 인구 폭발로 인해 임금이 너무 싸서 굳이 기계를 개발하려고 하지 않았다는 등의 분석이 나오곤 한다. 하지만 나는 이에 대해 조금 다른 방식으로 질문을 던져보고자 한다.

30마리의 실험용 쥐에게 같은 조건에서 같은 음식만을 먹였다. 그런데 그중 한 마리만 다른 쥐들에 비해 엄청나게 성장 속도가 빨랐고, 다른 29마리의 경우는 천차만별이었다. 일찍 죽은 경우도 있었다. 그럴 경우, 우리는 '왜 이 한 마리만 이토록 빨리 자랐나'를 설명해야 하는 것일까? 아니면 '왜 나머지 29마리는 그렇게 자라지 못했을까?'를 설명해야 할까?

빨리 성장시키는 데 관심이 있는 사람이라면, 급성장한 한 마리를 '모범'으로 삼고 다른 29마리는 왜 그렇게 자라지 못했는지 이유를 찾아내려 할 것이다. 하지만 29마리 각각을 조사하는 데는 시간도 오래 걸릴뿐더러, 원인으로 제시할 수 있는 경우의 수도 엄청나게 많다. 그래서 '왜 안 자랐는가'의 원인을 찾아내는 건 무척 어려운 일이다. 반면에, 급성장한 한 마리에 대해 의문을 품고 그 원인을 찾아내고자 하는 사람은 상대적으로 훨씬 쉽게 원인을 밝혀낼 수 있을 것이다.

앞의 예에서도 생각해볼 수 있듯이 만약 우리가 급성장을 '당연한 것'으로 여기고 그렇지 않은 것을 '이상한 것'으로 생각한다면, 중국이나 이슬람 문명권 등은 왜 그런 급성장을 하지 못했는가를 문제 삼을 것이다. 하지만 우리가 호기심을 가지고 열심히 들여다보아야 할 대상은 오히려 급성장한 측이 아닐까?

'과학혁명'이라고 불리는 시기를 맞게 된 17세기 이후, 서구 사회가 지닌 자연에 대한 지식의 양은 그 이전에 비해 훨씬 빠른 속도로 늘어났고, 이에 더해 19세기부터는 과학과는 별도로 성장해온 기술이 과학과 결합하면서 엄청난 힘을 발휘했다. 그리고 이렇게 급성장한 서구의 과학과 기술이 점차 다른 지역을 압도하기 시작했던 것이다.

서구의 과학기술에서 세계의 과학기술로

현재는 일부를 제외한 지구의 거의 모든 지역에서 서구의 과학기술이 유일한 것으로 인정받고 있다는 사실을 부정하기 힘들다. 서구에서 태동한 과학과 기술이 그 후 전 세계로 급속히 퍼져 나가게 되었기 때문이다. 그렇다면, 어떻게 해서 서구인들의 과학과 기술은 다른 지역으로 퍼져나가게 되었을까?

이에 대해 흔히 이야기되는 한 가지 견해는, 서구의 과학기술이 언제 어디서나 통용되는 '객관성'과 '보편성'을 지니고 있기 때문이라는 답변이다. 과학기술의 객관성과 보편성에 대한 논의는 그 자체로 중요하고 흥미로운 것이지만, 이 책의 주제와는 벗어나기 때문에 여기서는 생략하기로 한다. 이 주제에 관심이 있는 독자는 이 책의 끝에 있는 '깊이 읽기'를 참조하기 바란다.

이 책의 주제와 관련해서 중요한 점은, 보편성을 지니고 있는 지식이나 기술은 과연 너무나 당연하고 자연스럽게 저절로 세계로 퍼져 나가는가 하는 점이다. 특허의 경우를 생각해보면 쉽게 알 수 있듯이 좋은 기술들, 중요하며 유용한 기술들은 다른 곳으로 쉽게 퍼져 나가지 못하는 속성을 지니고 있다. 또 많은 사람들이 유학을 떠나는 것만 봐도 알 수 있듯이, 지식이란 교과서나 논문만으로는 전달되기 힘든 성질을 지니고 있다. 책을 통해서 모든 것을 알 수 있다면, 유능한 젊은 과학도들이 굳이 힘들이고 돈 들여가며 외국까지 가서 공부를 할 필요는 없는 게 아닐까?

이렇게 생각해보면, 서구의 과학과 기술이 '좋고 유용한 것'이기 때문에 저절로 전 세계로 퍼져 나가게 됐다는 설명은 불충분하다는 것을 알 수 있다. '한강은 왜 이렇게 흐르고, 나일강은 왜 저렇게 흐르는가' 하는 질문에 대해서 '물은 당연히 높은 곳에서 낮은 곳으로 흐른다'고 대답한다면, 틀린 답은 아닐지 모르지만 충분한 대답이라고도 할 수 없을 것이다. 강의 흐름을 제대로 이해하려면 물을 아래로 끌어들이는 중력뿐만 아니라, 강이 흐르고 있는 지역의 기후·지형·지질학적 특성, 그리고 댐이나 강둑과 같은 인공 설비들을 종합적으로 고려해야만 하는 것이다.

마찬가지로, 한 지역에서 출발한 지식과 기술이 다른 지역으로 퍼져 나가는 과정을 이해하려면 그 지식이나 기술이 좋고 유용하다는 점뿐만 아니라, 어떤 역사적 상황에서, 무슨 필요에 의해, 누구에 의해 다른 곳으로 퍼져 나가게 되었는가, 즉 지식과 기술이 움직이는 메커니즘에 대해 질문하고 대답할 필요가 있다. 프랑스의 고속철도 테제베(TGV)를 들여오는 과정을 보아도 알 수 있듯이 좋고 유용한 기술은 무척 비싼 경우가 많다. 또한 시공 과정에서 프랑스와는 다른 우리나라 지형을 고려해야 했다는 점에서도 알 수 있듯이 아무리 발전된 기술이라도 그대로 다른 지역으로 옮겨놓기란 쉽지 않은 일이다.

제국주의와 과학기술

그렇다면 서구에서 출발한 현재의 과학과 기술은 어떤 경로를 거쳐서 다른 지역으로 퍼져 나가게 되었을까? 이 질문에 대답하기 위한 하나의 힌트는, 중국에서는 이미 오랜 기간 동안 선교사들이 서구의 과학지식을 알리고 있었음에도 불구하고, 그러한 활동이 중국 사회를 크게 바꾸지는 못했다는 점이다. 달리 말하면, 중국인들은 서구의 지식과 기술이 지닌 '좋음과 유용함'을 아주 제한적으로만 이해하고 있었다고 할 수 있다. 다른 하나의 힌트는, 서구의 과학과 기술이 본격적으로 세계로 퍼져 나가게 되는 시기가 19세기 후반 이후라는 점이다. 이 시기는 서구 열강이 아시아 및 아프리카를 자신들의 식민지로 분할해가던 시기이기도 하다.

19세기 이후, 서구의 기술이 제국주의적 팽창 과정에서 매우 중요한 도구였다는 사실은 쉽게 예상할 수 있다. 항해술과 조선 기술의 힘으로 지구 반대편까지 항해할 수 있었고, 막강한 대포의 힘으로 상대방을 주눅 들게 할 수도 있었다. 근거지를 확보하면 전신망을 통해 본국과 연결함으로써 빠르고 정확하게 정보를 주고받을 수 있었으며, 철도를 통해 내륙까지 그 군사경제적 힘을 뻗칠 수 있었다.

한편, 기술뿐만 아니라 과학도 식민지 경영에 중요한 역할을 했다. 식민지로 이주한 군인이나 민간인의 건강을 지키기 위해서 풍토병이나 약용 식물에 대한 연구, 즉 생물학적인 연구가 필요했다. 또 광물 자원을 효과적으로 채굴하고 철도나 운하, 항만 등 토목 공사를 하기 위해서는 지질학적 조사가 필요했다. 고대 그리스의 자연철학자 탈레스Thales, BC 624?~546?가 하늘만 쳐다보며 걸어가다가 도랑에 빠졌다는 우스갯소리가 있듯, 천문학은 때로 인간 세계와 무관한 것처럼 여겨지기도 하지만, 천문학 지식은 대양을 항해하는 선박이 스스로의 위치를 파악하는 데 꼭 필요한 지식이기도 했다. 더 나아가, 직접적인 힘이나 실용성과는 약간 거리가 있어 보이는 과학 분야도 식민지 경영을 지탱하는 역할을 담당했다고 할 수 있다. 서구인들은 우월한 과학적 능력, 즉 문명의 힘을 과시함으로써 식민지 지배를 정당화하는 이데올로기로서 사용했던 것이다.

제국주의란 소수의 사람들이 다수의 사람들을 지배하는 구조를 지니고 있으며, 유럽인들은 인도나 중국 같은 거대한 나라들을 식민지, 또는 반식민지로 지배했다. 즉 네덜란드 같은 조그만 나라도 인도네시아같이 넓고 인구도 많은 지역을 지배할 수 있었다. 어떻게 그런 일이 가능했을까?

물론 철도나 전신, 항해술이나 무기 같은 기술이 효율적인 지배를 가능하게 했다는 점은 틀림없다고 할 수 있다. 하지만 짧은 기간 동안 힘으로 억누르는 강제 점령과 장기적으로 지배함으로써 이익을 얻어내는 식민지 경영은 상당히 다른 성격을 지닌다. 힘으로 억누르기만 하면 반발을 초래해서 지배자의 생명이나 재산에 위협을 가하는 결과를 초래할 수 있으며, 불만이 오래 지속되면 안정적인 이익을 얻기 힘들기 때문이다. 따라서 유능하고 총명한 식민지 경영자라면, 힘으로만 억누르려 하기보다는 피지배자들이 지배자를 존경하거나 최소한 순순히 따르도록 만들 것이다. 이 경우, 순수과학은 그 '아름다움과 보편성'을 통해서 지배자의 권위, 통치의 정당성을 부여하는 하나의 도구로서 역할을 담당했다고 볼 수 있다. 과학과 같이 훌륭한 문명을 보유한 자가 그렇지 못한 미개한 사람들을 '문명화'시킨다는 명분은 식민지 지배에 정당성을 제공하는 하나의 근거가 될 수 있었다.

이렇듯 기술과 과학은 서구 열강의 제국주의 팽창을 확대하고 운영하는 도구로서 사용된 측면이 있다고 할 수 있지만, 동시에 제국주의는 과학과 기술을 발전시키는 원동력이기도 했다. 그전까지 서구인들이 몰랐던 동식물들과 광물들이 식민지로부터 들어왔으며, 중력이나 자기와 같이 지구와 관련된 새로운 물리 지식도 식민지에서 공급되는 것이 적지 않았다. 식민지는 서구인의 공업 생산을 위한 원료뿐 아니라 과학 연구를 위한 원료도 공급했던 것이다.

또한 서구의 과학과 기술이 제국주의를 매개로 전 세계까지 팽창하는 과정에서 점차 지구는 표준화되어갔다. 제국주의의 필요에 따라 항로·철도망·전신망으로 연결된 세계는 시간·공간·도량형 등을 표준화하기 시작했다. 과학기술과 제국주의는 서로 상호작용을 하며 점점 더 강해졌고, 그 서식 공간을 전 세계로 넓혀갔다.

과학기술 = 서구 열강의 힘

19세기 이후 과학기술과 제국주의는 서로 상호작용을 하면서 세계를 통합해갔으며, 여기에 동아시아 사회도 예외는 아니었다. 바야흐로 서구의 과학기술은 다른 지역을 압도하는 막강한 힘으로 느껴지기 시작한 것이다.

앞서 이야기했듯이 중국인들은 서구 선교사들이 전해준 과학기술에 관심을 보이면서도 오랫동안 이것을 적극적으로 받아들이려고 하지 않았다. 중국인들이 어리석어서였을까? 그보다는 별로 아쉬울 게 없어서였다고 보는 게 더 정확하지 않을까 싶다.

중국인들은 자기 나라를 '땅은 넓고 물자는 풍부한 나라'로 자부하면서, 외국과의 무역을 '생활에 중요한 물자를 외부에 넘겨주는 대신, 민생을 풍요롭게 하는 것과는 그다지 관련이 없는 사치품을 받는 행위'로 이해해왔다. 자명종 같은 당시의 정밀 기계도 이러한 맥락에서 이해할 수 있다. 흥미롭고 신기하기는 하지만, 실생활에 도움을 주는 유용한 기술이라고 생각하지 않았을 수도 있다는 것이다. 말하자면 '훌륭한 장난감'이라고나 할까? '자명종이 있으면 학교나 회사에 지각하지 않게 되니까 좋지 않나?' 하고 생각할지 모르지만, 당시 대부분의 사람들은 현재와 같은 분 단위의 생활이 그다지 필요하지 않았다. 농사를 짓는 사람 입장에서는 아침에 닭이 울면 일어나서 논밭을 돌보다가 해가 저물면 집으로 돌아가는 정도의 시간 관념으로 충분했던 것이다. 실제로 동아시아 사람들에게 필요한 시간 간격이란 일 년, 열두 달 간격으로 정해져 있는 시간 단위보다 계절마다 변하는 낮과 밤의 길이에 맞춰진 시간 단위였다.

지금 우리의 입장에서는 이상하게 여겨질지 모르겠지만, 당시의 중국 사람들이 중요하게 생각한 서구의 과학은 일식을 정확하게 예측할 수 있는 달력의 제작법이었다. 역법이 중요했던 것은, 하늘의 권위와 땅의 권위가 연결되어 있다는 생각에서 정확한 천문 관측이나 예측이 천자天子의 권위라는 중요한 정치적인 문제와 관련되어 있었기 때문이다. 어떤 지식이나 기술이 좋고 유용한가를 이해하기 위해서는 그 지식이나 기술 자체의 특성뿐 아니라 이를 필요로 하고 받아들이는 측의 입장도 이해해야 한다는 점을 알려주는 대목이라고 할 수 있다.

좋은 지식이 있는데 그런 걸 배우려 하지 않을 수도 있다니 이상한 주장처럼 들릴지 모르겠지만, 사실은 상식적인 주장이다. 아무리 획기적이고 혁신적인 제품이라 할지라도 소비자의 수요와 맞지 않으면 잘 팔리지 않는다는 것과 비슷한 이야기다.

동아시아 시장에서 서구의 과학과 기술에 대한 수요가 급증하게 된 것은 그것이 서구 열강이 가진 막강한 힘의 근원이라고 느껴지게 되면서였다. 특히 '아편전쟁阿片戰爭, 1840~1842'이라 불리기도 하는 중국과 영국 사이의 전쟁에서 영국이 승리한 것이 중요한 계기가 되었다.

사실 19세기 초까지 중국은 세계적인 무역 흑자국이었다. 사올 건 별로 없는데 내다 팔 건 많았기 때문이다. 중국의 차茶나 도자기는 날개 돋친 듯 팔려 나가는데, 중국인들은 영국의 섬유 제품을 사려고 하지 않았다. 이러한 무역 역조가 양국 간의 긴장을 고조시켰고, 결국 영국이 무역 적자를 만회하기 위해 밀매했던 아편을 중국이 금지하자 전쟁이 벌어진 것이다.

거대한 대륙 중국에 대한 영국의 군사적 승리가 동아시아 사회에 던진 충격은 실로 큰 것이었다. 서구의 과학기술의 막강한 힘을 통해 쓴맛을 보게 된 동아시아 사회로서는 더 이상 서구의 과학기술을 '신기한 장난감'이나 천자의 권위를 장식하기 위한 도구만으로 볼 수 없게 되었다.

식민지가 되지 않기 위해서는 그들의 과학기술을 배워야만 했다. 그 과정에서 일본은 중국이나 우리나라보다 한 걸음 앞서 독자적인 과학기술의 전통을 만들어냈고, 제국주의의 식민지가 되기를 거부하며 스스로 식민지를 지배하는 제국주의 국가가 되었다.

머리로 하는 과학, 손발을 움직이는 과학

왜 일본이 우리나라나 중국과 달리 독자적인 과학기술 전통을 확립하는 데 성공했느냐 하는 문제는 이 책에서 결론을 내릴 수 있을 만큼 간단한 문제가 아니다. 서구의 충격이 오기 전 한·중·일 세 나라의 사회 구조, 서구 과학에 대한 지식, 그리고 기술과 산업 구조가 각각 달랐기 때문에, 서구의 충격에 대한 서로 다른 태도를 하나의 원인으로 설명하는 데는 무리가 있다.

이러한 점에서는 오히려 일본의 경우를 '동아시아'라는 틀에 한정해서 보지 않는 쪽이 더 정확할 수 있다. 일본이 본격적으로 과학기술 활동에 참가하게 된 19세기 후반은 서구에서도 과학의 제도화, 기술 분야에서의 과학의 응용이 시작된 지 얼마 안 된 시점이었다. 따라서 '완전히 고립되어 있던' 일본이 서구로부터 '느닷없는' 충격을 받았다기보다는 러시아 같은 서구 후진 지역과 비슷한 차원에서 뒤늦게 과학기술 활동에 참가하게 되었다고 보는 편이 더 정확할 것이다. 아울러 중화 문명의 중심을 자부하는 중국이나 '소중화小中華'라고 자부했던 우리나라에 비해, 일본의 경우는 동아시아 문명권에 대한 결속력이 상대적으로 약하지 않았을까 하는 점도 생각해볼 만하다.

서구의 과학기술로부터 받은 충격에 대해 일본은 과학기술의 최종 산물인 과학지식이나 기술적 인공물을 도입하는 데 그치지 않고, 과학기술적 실천에 직접 참여하며 대응했다는 점에 그 특징이 있다. 예를 들어, 이미 완성되어 책에 실린 지식이나 완성된 기계를 그냥 받아들이는 게 아니라, 손을 움직여서 새로운 지식이나 기계를 만들어내려고 했다는 것이다.

사실, 메이지유신 이후 일본의 과학기술이 그 이전 시대와 완전히 단절된 것은 아니다. 메이지시대의 과학은 이전 시대와 인적 자원 측면에서 연속성이 있었고, 요업·섬유 등 소비재 생산기술에서도 전통기술이 계승되어왔다. 한편으로는, 이른바 '쇄국 정책' 시대의 일본은 네덜란드를 통해 서구의 과학기술을 접하고 있었으며, 스스로 증기선, 광학기구, 자동 인형 등을 만들어낼 수 있었다. 아울러 각지에서 열린 물산회物産會 등을 통해 지방의 서민들도 다양한 과학기술과 관련된 문물에 접할 수 있었다.

물론 메이지유신 이전까지 과학기술에 대한 시선은 주로 낯선 것에 대한 신기함이었고, 일본인들 스스로가 새로운 과학지식을 창출해내고 이를 적극적으로 활용하고자 하는 조직적인 활동이 본격적으로 행해지고 있었다고 보기는 힘들다. 그러나 단지 눈으로 보고 머리로 이해하는 것을 벗어나 손으로 직접 해보려는 노력이 시작되었다는 점은 중요한 요소라고 할 수 있다.

19세기 중반 이후, 일본은 막대한 정부 예산을 투입해가며 외국의 전문가들을 일본에 초빙했다. 그들에게 철도·전신·등대·조선 등 근대 기술 업무를 담당하게 했을 뿐 아니라 대학 등에서 일본의 젊은이들을 교육시키도록 했다. 일본의 초기 근대 과학 교육은 주로 외국인에 의해 이루어졌던 것이다.

외국인들의 교육은 학생들을 조수로서 직접 실험이나 관측에 참가하게 했다는 데 특징이 있다. 학생들은 교과서나 칠판에 쓰인 이론을 배우는 데 그치지 않고, 직접 외국인 교수들을 따라다니면서 중력 측정, 열전도율 측정, 경도 및 위도 측정, 자기 측정, 기상 관측 등을 함께했다.

물론 이것은 과학의 변방 일본에 와 있던 외국인 연구자들이 연구 성과를 내기 위한 하나의 방편이기도 했다. 하지만 그 과정에서 일본의 젊은 과학자들은 머리뿐만 아니라 손과 발도 움직여가며 과학 연구를 체험하고 배울 수 있었던 것이다. 실제로, 일본 물리학계의 제1세대는 대체로 이론보다는 실험 연구에 종사했다고 할 수 있다.

배우는 과학과 연구하는 과학은 본질적으로 큰 차이를 지니고 있다. 수업이나 교과서를 통해 배우는 과학은 이미 알려진 지식이라는 특징을 지니고 있다. 아직 잘 모르는 내용을 가르치거나 배울 수 있겠는가? 반면에 연구하는 과학은 알려지지 않은 사항을 대상으로 한다는 특징을 지니고 있다. 이미 알려진 내용을 굳이 힘들이고 돈 들여가며 연구할 필요가 있을까? 즉, 책이나 수업을 통해 전달되는 과학과 연구실에서 행하는 과학은 본질적으로 큰 차이를 지니고 있는 것이다. 이것은 알려진 과학과 알려지지 않은 과학의 차이기도 하고, 주로 머리만을 사용하는 과학과 머리 이외에 손과 발, 그리고 도구 및 장치의 도움이 필요한 과학의 차이기도 하다.

우리나라나 중국이 서구의 과학지식이 담긴 책을 읽기 시작했을 때, 일본의 젊은 과학자들은 부지런히 손발을 움직이고 있었다. 책을 통해 이미 알려진 지식을 배우는 데 그치지 않고, 지식을 획득하는 방법을 몸으로 익히고 있었던 것이다. 일본인들은 이미 서구인이 잡은 물고기에만 관심을 가진 게 아니라, 스스로 고기를 잡는 방법까지도 익히기 시작하고 있었다고 할 수 있다.

변방에서 과학하기

일본의 열악한 과학 연구 환경

　나가오카가 태어난 것은 메이지유신이 일어나기 이전인 1865년, 대학에 들어간 것은 1882년이었다. 도쿄 대학이 정식으로 설립된 것이 1877년이라는 점을 생각한다면, 그는 일본에서 서구 학문과 교육이 태동하던 시기에 공부를 시작했다고 할 수 있다. 당시 이미 일본의 과학은 우리나라나 중국과는 다른 길을 걷고 있었지만, 그렇다고 서구와 대등한 입장에서 과학 연구를 수행해 나갈 수 있는 처지는 결코 아니었다.

　사실, 메이지시대 초기의 일본인에게 과학이란 자연에 대한 새로운 지식을 만들어내는 활동이라기보다는 생활을 편리하고

윤택하게 해주는 기술이라는 형
태로 이해되었다. 그들에게 과학
기술이란 직선으로 달리는 철도,
이와 함께 부설된 전신, 전화, 서
구화된 군대, 벽돌 건물과 가스
등이 즐비한 도회지의 거리, 서구
식 의료 기관 등이었다. 많은 사
람들은 '효율적이고 강하며 튼튼
한 문명'이라는 측면에서 서구의

아시아인의 과학 능력에 대해 고민했던
나가오카 한타로

기술과 지식을 이해하고 있었던 것이다. 그러므로 일본 내에서
서구의 과학과 기술이 성장해가는 과정에서도 서구인들은 일본
인들의 과학에 대한 이해를 불완전한 것으로 평가하기도 했다.
메이지유신으로부터 4반세기 가까이 지난 1901년, 귀국을 앞둔
독일인 의사 벨츠Erwin von Bälz, 1849~1913는 자신의 송별식에서 "과일
이 열리려면 나무를 심고 그것이 잘 자랄 수 있는 환경을 만들어
야 하는데, 일본인은 열린 과일을 따먹는 데에만 관심이 있고 나
무를 기를 생각은 하지 않는다"고 비판했다. 과학의 성과물에만
관심이 있고, 그러한 성과물의 기반이 되는 환경에 대해서는 제
대로 이해하지 못하고 있다는 평가였다. 서구인인 벨츠가 보기
에 일본은 서구 근대 문명의 핵심 중 하나인 과학 활동이 제대로
뿌리내릴 수 있는 풍토를 갖추지 못한 것으로 보였던 것이다.

외국인 교수에게 과학 배우기

일본이 서구의 과학을 배우기 위해 사용한 중요한 방법 중 하나는 외국인 전문가를 일본에 초빙해 직접 일본의 젊은이들을 가르치게 하는 것이었다. 그러나 지금과는 달리 잘 알려지지도 않은 머나먼 나라 일본으로 유능한 전문가들을 불러들이는 것이 쉬운 일은 아니었다. 결국 일본 정부는 이를 위해 막대한 예산을 들여야 했다.

당시 외국에서 불러온 과학자들의 상당수는 20대였음에도 불구하고 이들 중 일부는 고위 관료를 능가하는 보수를 받았다. 외국인에게 이렇듯 막대한 예산을 들이는 것에 대해 비판적인 시각도 있을 수 있으나, 2002년 월드컵에서 히딩크 감독이 보여준 예에서도 알 수 있듯, 유능한 외국인을 적재적소에 배치하면 내국인으로서는 하기 힘든 업적을 남기는 경우가 있는 것도 사실이다.

외국인을 불러다 가르치게 한다는 것은 예산상으로 큰 부담이 된 것은 물론 학문을 외국어로 배워야 한다는 종속성 측면도 지니고 있었다. 반면에, 외국인이 하는 걸 눈으로 직접 보고 손으로 따라 해가면서 그대로 배울 수 있다는 장점도 지니고 있었다.

당시 일본에 있던 외국인 교수들은 일본인 학생들을 연구 조수로 부리면서 자신의 연구를 돕게 하는 한편, 직접 연구하는 방법을 전수하고 있었다. 예를 들어, 에어턴William Ayrton, 1847~1908과 페리는 중력 측정이나 열전도율 측정 등의 방법을 학생들이 익히도록 했고, 멘던홀Thomas Mendenhall, 1841~1924도 학생 실험 지도를 겸해서 학생들에게 도쿄의 중력 측정, 후지산 정상의 중력 측정, 경도와 위도 측정, 자기 측정, 기상 관측 등을 함으로써 자신의 연구를 돕도록 했다. 또한 유잉 James Ewing, 1855~1935도 학생들과 함께 금속과 자기에 대한 연구를 수행했다.

이러한 경험을 바탕으로, 젊은 일본인 학생들도 조금씩 자체 조사 연구를 할 수 있게 되었다. 1881년에는 일본인 학생들이 외국인 교수에게 배운 방법을 바탕으로 여름방학을 이용해 삿포로의 중력과 지자기(지구 자기)를 측정하여 논문을 발표했다. 그중 한 명인 다나카다테 아이키쓰田中館愛橘, 1856~1952는 후배들을 이끌고 가고시마, 오키나와, 오가사와라 제도 등에서 측정을 했다. 교과서와 칠판을 통해서뿐만 아니라 실험실에서, 그리고 야외에서 직접 연구를 행하는 방법을 배웠기 때문에 가능한 일이었다.

그렇다면, 이 시기에 일본인들은 이미 독자적인 연구를 수행할 수 있었다고 할 수 있을까? 이 질문에 대해서는

🔬 다나카다테 아이키쓰

일본의 물리학자. 1893~1896년 동안 일본 전국의 지자기를 측량했고, 진재(지진재해) 예방조사회(1892) · 위도 관측소(1899) · 항공 연구소(1921) 등의 설립에도 많은 공헌을 했다. 미터법과 로마자의 보급에도 힘썼으며 1944년 문화 훈장을 받았다.

행정가로서 제도적으로 과학적 기반을 쌓으려 했던 야마카와 겐지로(왼쪽)와 일본에 대한 지역적 연구에 집중했던 다나카다테 아이키쓰(오른족)

부분적으로만 긍정할 수 있을 것이다. 직접 실험이나 관측 기기를 움직여 가며, 그때까지 아무도 갖고 있지 않던 데이터를 얻어냈다는 점에서는 남이 이루어놓은 업적을 그냥 배우는 것과 달리 새로운 지식의 창출에 기여했다고 할 수 있다. 그런 점에서는 독자적인 연구를 수행했다고 할 수 있지만 다른 한편으로 이들이 수행한 연구가 외국인 스승이 부여한 틀에서 벗어나지 못했다는 점에서는 여전히 서구인들에게 의존적이었다고 할 수 있다. 그들은 서구인들이 던진 문제 의식과 서구의 연구 기법을 따르는 데 초점을 맞추고 있었다. 그리고 일본 각지에서 수행한 각종 측정도 '지구 전체'에 관심을 가지고 있던 서구의 과학자들의 눈으로 보자면 일부 지역의 데이터를 보완하는 작업에 불과했다.

일본인 물리학자 나가오카의 선배라고 할 수 있는 야마카와 겐지로山川健次郎, 1854~1941나 다나카다테 아이키쓰 등은 이러한 점에서 세계의 중심에 우뚝 서고자 한 과학자였다고 보기는 힘든 면이 있다. 야마카와는 연구를 하기보다는 행정가로서 제도적 기반을 쌓는 데 주력했으며 다나카다테는 서구에서 정해진 연구 과제의 일부, 즉 일본에 대한 지역적 연구를 행하는 데 주력했기 때문이다. 하지만 나가오카는 이들과 달랐다.

나가오카의 성장 과정

나가오카가 태어나서 성장한 시기는 정치적 또는 교육 제도 면에서도 매우 복잡한 시기였다. 나가오카 한타로는 1865년에 현재의 나가사키에서 무사의 아들로 태어났다. 어렸을 때는 한학을 배웠으나 그다지 재능을 보이지 못했다고 알려져 있으며, 나가오카 본인도 고향에서의 어린 시절에 대해서는 그다지 유쾌한 기억을 가지고 있지 않다고 고백한다.

사무라이였던 아버지 지사부로治三郎는 메이지유신 이후 정부의 관리가 되었는데, 1871년에는 서구화를 추진하기 위한 대규모 사절단의 수행원으로 구미 각국을 돌아보는 기회를 얻게 되었다. 장기간에 걸친 해외 여행이 지사부로에게 준 충격은 컸던 것 같다. 그는 해외에서 돌아오자 음식과 의복을 모두 서구식으로 바꿨으며, 교육 방침에서도 급격한 변화를 보였다. 당시 여덟 살이던 아들 나가오카에게 "지금까지 내가 너에게 잘못된 것을 가르쳤다"고 잘못을 빌거나 "아버지는 너를 가르칠 자격이 없으니, 선진국에서 배우는 영어로 된 책을 읽을 수 있는 곳에 가거라"고 말할 정도였다고 한다. 이후 어린 나가오카는 도쿄와 오사카의 영어 학교에서 배우게 된다.

그런데 당시 일본에서 영어를 배운다는 것은 그 자체에만 목적이 있는 것이 아니었다. 앞에서도 이야기했듯이 대학의 교수들이 주로 외국인이었기 때문에, 외국어를 배운다는 것은 대학에서 전문 과목을 배우기 위한 예비 교육의 측면이 컸다. 실제로 도쿄 대학 초기의 역사를 보면 '프랑스어 물리학과'라는 다소 기묘한 이름의 학과가 있는데, 이는 중등교육 과정에서 프랑스어를 배운 후 대학에서 물리학을 배우는 코스였다. 물리학 담당 교수가 프랑스인일 경우 중등학교에서 프랑스어를 배운 후 대학에서 물리학을 배우게 될 정도로, 당시 일본의 과학 교육은 외국인에게 의존적이었던 것이다.

어린 나가오카는 이미 열두 살 때 서점에 가서 물리학 서적을 구입할 정도로 물리에 관심이 있었던 듯하다. 하지만 물리학자가 되고자 하는 그의 의지가 순탄한 것은 아니었다.

아시아인도 과학자가 될 수 있을까?

나가오카는 1882년 9월 도쿄 대학 이학부에 진학해 1년간 지금의 교양 과정이라 할 수 있는 공통 과목을 배웠다. 그런데 2학년으로 올라가야 할 나가오카는 1883년 7월 갑자기 대학을 휴학했다. 도대체 왜 그랬을까?

나가오카가 심각하게 고민한 문제는 과연 '동양인'도 과학을 할 수 있느냐 하는 문제였다. 그가 배운 과학은 서구인들에 의해 만들어진 학문이었고, 그를 가르친 교사들도 대부분 외국인이었다. 그는 강의 노트도 영어나 독일어로 정리할 정도였다. 이렇듯 과학이 서구인의 것이라면, '동양인'인 자신에게도 과연 과학자가 될 능력이 있는 것일까 그는 고민했다.

21세기에 사는 독자들은 이러한 고민을 의아하게 생각할지 모르지만, 19세기 후반의 나가오카에게 과학이란 그만큼 이질적인 존재였다.

이러한 의문에 대해 나가오카가 취한 행동은 중국의 고전을 뒤져서 중국인들의 과학적 성취를 발견해보려는 것이었다. 그리고 결국 그는 중국인들이 일식의 관측과 계산을 행했다는 것과 정확한 달력을 만드는 지식 및 기술을 발전시켰다는 것, 또 오로라나 태양의 흑점을 관측하고 화약을 발명했다는 것 등을 알게 되었다. 즉 나가오카는 역사 공부를 통해 중국인도 유럽인에 비해 손색없는 과학적 능력을 지녔음을 확인했고, 그제야 자신감을 회복해 물리학을 전공할 결심을 하게 된 것이다. 고대 중국인들도 뛰어난 과학적 성과를 낼 수 있었으니, 자신도 유능한 과학자가 될 수 있으리라는 자신감이었다.

이러한 나가오카의 고민에서 한 가지 주목할 것은 과학 능력과 인종을 연결하는 사고방식이다. 지금의 상황에서 언뜻 보면 그냥 웃고 넘어갈 인종적 편견이라고 치부해버릴 수 있을지도 모른다. 하지만 아직도 과학 분야의 한국인 노벨상 수상자를 바라는 민족주의적 열망, 그리고 '일본인은 모방에는 능할지 몰라도 창조적인 성과는 내지 못한다'는 인종적 선입견 등을 생각해본다면, 나가오카의 '이상한' 고민은 120년이 지난 지금도 여전히 남아 있다고 할 수 있다. 이러한 점을 고려한다면, 서구인이 아닌 과학자를 알지 못한 젊은 시절의 나가오카가 그와 같은 고민을 했다는 점도 이해 못 할 바는 아닐 것이다.

또 하나 흥미로운 것은 나가오카가 스스로의 고민을 일본인이 아닌 중국인, 그것도 고대 중국인을 통해서 해결하고자 했다는 점이다. 서구의 문물을 받아들이기 시작한 일본의 입장에서 서구가 곧 문명의 기준이 되어가던 시기에, 중국은 뒤떨어지고 미개한 지역으로 여겨질 수밖에 없었다. 그러한 상황에서 나가오카는 스스로를 '동양인'으로 일컬으면서 중국인과 동일한 범주에 넣은 후, 기억에서 거의 잊혀진 고대 중국의 업적을 통해 스스로 과학자가 될 수 있는 가능성을 찾은 것이다.

일본이 부국강병을 지향하며 '아시아의 영국'이 되고자 분투하는 과정에서 중국이란 잊혀져야 할 대상에 불과했지만, 과학자가 되기를 꿈꾸는 젊은 나가오카에게 '뒤처진' 중국은 재발견하고 기억에서 되살려야 할 대상이었다. '과거'가 현재의 목적에 봉사하기 위해 어떻게 인위적으로 재편성되는지, 어떤 것이 잊혀지고 어떤 것이 기억되는지에 대해서 독자 여러분도 곰곰이 생각해보길 바란다.

그런데 나가오카의 고민에서 또 한 가지 주목할 것이 있다. 그가 의심을 품은 '과학자가 되기 위한 능력'이 과학지식을 습득하고 이해하는 능력이라기보다는 새로운 지식을 창출해내는 능력이라고 여겨진다는 점이다. 일본인이 과학지식을 배울 수 있는 능력을 지녔다는 점은, 그의 선배들로부터, 그리고 자신의 경험으로 충분히 알 수 있었을 것이다. 그럼에도 불구하고 이러한 고민을 했다는 것은 그가 서구인으로부터 과학을 배워서 일본인들에게 알리는 데 그치지 않고 연구자가 되어 새로운 지식을 밝히려는 열망을 지니고 있었다는 것을 뜻한다.

나가오카가 85세로 세상을 떠나기 몇 년 전에 쓴 〈중학교 졸업 후의 지침〉이라는 강연 원고에서 그는 다음과 같이 회고하고 있다.

저는 한때 상당히 괴로웠습니다. …… 대학에 들어가 1년이
지나면서 구미에서 연구된 사항을 이해하게 되기는 했지만,
제가 뜻을 둔 것은, 다른 사람이 이루어낸 업적만을 뒤좇아 다
니면서 외국의 학문을 수입하고 그것을 일본에 보급하는 데
있는 것은 아니었습니다. 연구자의 한 사람이 되어 학문을 발
전시켜나가는 역할을 담당하지 못한다면 의미가 없다고 생각
했습니다.

즉 '이미 알려진 사실'로서의 과학이 아니라 '아직 모르는 것을
밝혀나가는' 과학을 하고 싶어했음을 보여주는 것이라 하겠다.
이 점에서 나가오카의 고민은 남다른 것이었다고 할 수 있다.

국제적 학술지의 인정을 받다

학부 과정에서 학업을 마친 나가오카는 1887년 9월 대학원에
진학했다. 일본에서 대학원 제도는 1887년 5월에 생겨났다. 대
학원이란, 단순하게 이야기하자면 신사를 길러내는 영국식 대학
에 연구를 하는 독일 대학의 기능을 덧붙이기 위해 미국에서 만
든 제도라고 할 수 있다. 그러므로 나가오카가 대학원에 진학했
다는 것은 연구자로서 첫발을 내딛은 것이라고 할 수 있다.

대학원에 진학한 나가오카는 그간 외국인 교수들이 해왔던 '자기磁氣'에 관한 연구를 하게 됐다. 그렇게 한 이유는 특별한 문제 의식을 지녔다기보다 그에 대한 실험 기법을 배웠기 때문인 것으로 생각된다. 1888년에 나가오카는 자기에 관한 논문을 도쿄 대학에서 발행하는 잡지에 실었고, 이듬해에는 연구 성과를 영국에서 발행하는 학술지 《필로소피컬 매거진Philosophical Magazine》에 싣게 되었다. 이렇듯 국제적인 학술지에 논문을 실을 수 있다는 자신감을 얻은 나가오카는 1890년에도 같은 잡지에 논문을 발표했다.

이렇게 해서 나가오카는 국제적인 학술지에 연구자로서 데뷔할 수 있게 되었다. 그런데 여기에는 당시 물리학 분야의 권위자였던 톰슨 William Thomson, Baron Kelvin of Largs, 1824~1907 (64페이지 톰슨과 구별하기 위해 이하 켈빈 경으로 표기함)의 도움이 컸다. 나가오카의 실험 결과에 흥미를 가진 켈빈 경의 소개로 나가오카의 논문이 세계적인 명성을 지닌 잡지에 실리게 된 것이다.

나가오카는 켈빈 경의 도움에 무척 감사했는데, 그 뜻을 전한 문구에도 그의 인종관이 반영되어 있다는 것이 흥미롭다. 즉 나가오카는 "켈빈 경은 감동스럽게도 황색 인종이 얻어낸 결과라고 미천하게 보지 않고 게재해주셨다"

톰슨
북아일랜드 출생으로 현대 물리학의 기반을 다진 물리학자 중 한 사람이었다. 그는 열역학 제2법칙과 절대온도눈금(켈빈으로 측정됨), 열의 동역학적 이론 등을 발전시키는 데 중요한 역할을 했다.

고 한 것이다. 과학 활동이 완전히 공정하고 평등한 것이라면, 그 결과를 낸 사람이 누구든 실험 결과는 동등하게 평가되어야 하는 것인데, 나가오카는 당시의 과학계를 그런 식으로 바라보지는 않았던 것이다.

사실, 연구자가 누구인가 하는 문제뿐만 아니라, 연구가 어디에서 진행되는지가 그 연구의 성공 여부에 영향을 끼치는 경우가 많다. 남녀평등에 위배되는 속담이기는 하지만 우리 속담에 "아들을 낳으면 서울로 보내라"는 것이 있다. 이 말은 쉽게 풀자면 '큰 물에서 놀아야 큰 인물이 된다'는 뜻이다.

어떤 분야건 중심부에는 각지에서 정보가 모이고, 사람과 돈이 모여드는 경향이 있다. 과학의 경우에도, 이렇게 정보와 인적·물적 자원이 모이는 중심부에서는 이것을 바탕으로 이론과 연구 방법을 갈고닦아 계속해서 새롭고 중요하다고 평가되는 연구 성과가 나오기 쉽다. 반면, 주변부는 중심부에서 주어진 과제에 맞춰 조사를 수행하고 중심부에서 필요로 하는 지엽적인 데이터들을 제공하는 역할을 하는 데 그치기 쉽다. 당시의 물리학계에서 중심부는 영국, 독일, 프랑가 주가 된 서구였고, 일본은 너무나도 멀리 떨어진 주변부에 불과했다.

과학 연구의 지역성

나가오카가 연구자로 성장해가던 1880년대까지, 일본에서 과학 연구의 성과가 나타나지 않았던 것은 아니다. 외국인들에 의해, 그리고 그들에게 배운 일본인들에 의해 새로운 과학지식은 생겨나고 있었다.

하지만 당시 일본에서 만들어진 새로운 과학지식들은 대체로 일본이라는 지역을 대상으로 하는 것이 대부분이었다. 물리학의 경우에도, 일본의 중력이나 지자기, 지진이나 화산 등 지역적인 주제를 다룬 것의 연구 결과가 대부분이었다. 이러한 지역적인 데이터를 얻기 위해서는 현지 조사가 필요한 경우가 적지 않은데, 당시 독일이나 영국에 있던 과학자가 굳이 이것을 얻기 위해 일본까지 이동한다는 것은 쉽지 않은 일이었다. 따라서 이러한 과학계의 틈새 연구를 일본에 와 있던 외국인 과학자와 일본의 젊은 과학자들이 수행했던 것이다. 하지만 그러한 데이터를 왜 필요로 하는지, 그리고 얻어진 데이터를 큰 문제의 틀에서 어떻게 해석하는지는 결국, 서유럽에 있는 과학의 대가들에게 주어진 몫이었다. 그러므로 여전히 일본 과학자들이 연구의 변방에 놓여 있다는 사실에는 변함이 없었다.

단, 지진학의 경우는 다소 다른 모습을 보인다. 일본은 널리 알려지다시피 지진이 많이 발생하는 지역에 속해 있다. 처음에는, 서구에는 드문 이 자연 현상에 호기심을 지니게 된 서구인 과학자들이 1880년대부터 연구를 진행해가면서 연구를 위한 정보 네트워크도 형성해갔다. 그런데 1890년대에 이르러서는 일본인들이 이러한 연구 전통을 자기 것으로 만들어가게 되었고, 심지어는 '지진학에 있어서만큼은 일본이 세계 최고'라는 자부심을 드러내기도 하였다. 하지만 이것도 물리학자의 입장에서 보면 '지구물리학'이라는 학문에 속한 하위 분야에 불과한 것이었다.

서구 과학자들과 대등한 입장에서 연구를 하고 싶었던 나가오카에게 일본 과학 연구의 주변성은 불만의 대상이었지만, 그와 같은 지역적 연구와 무관하지는 않았다. 그는 1887년에 외국인 교수인 노트Cargill G. Knott, 1856~1922, 선배인 다나카다테와 함께 일본 각지의 지자기를 측정했고, 한참 뒤인 1899년에도 일본 각지의 중력을 측정하는 사업에 관여했다.

이와 같이 일본인이라는 것, 그리고 일본에서 교육을 받고 일본에서 연구를 해나간다는 것은 나가오카에게 '주변부의 과학자'라는 짐을 짊어지게 하는 것이었다. 그런 나가오카에게 1893년부터 3년간의 독일 유학은 새로운 세계와 접하는 아주 소중한 기회가 되었다.

세계 과학의 중심을 접하다

　20대의 나이에 국제적인 학술지에 논문을 실으면서 연구자로 성장해온 나가오카는 1890년에는 도쿄 대학 조교수로 부임하여, 한동안 실험 연구보다는 수학을 이용한 물리학 연구에 전념했다. 그리고 3년 후에 박사학위를 취득한 그는 독일로 유학을 떠나게 되었다.

　당시 유학이란, 외국인 전문가를 초빙하는 것을 뒤집은 형태라고 할 수 있었다. 즉 아무런 준비도 되어 있지 않은 초창기에는 외국으로부터 전문가를 불러다 일본의 젊은이들을 가르칠 수밖에 없었지만, 이 방식은 돈도 많이 들뿐더러 연구의 자립성을 훼손할 우려가 있었다. 따라서 일본 정부는 차차 외국인 교수의 수를 줄이는 한편, 젊고 유능한 일본인 과학자들을 외국으로 유학 보내기 시작했다. 이러한 유학생 파견 방식이 외국인 교수 초빙에 비해서 일본의 자립성을 살리는 방식이기는 했다. 그러나 독립된 연구자를 만들기 위해 외국에 유학을 보낼 필요가 있다는 점은 여전히 외국에 대한 의존성이 남아 있음을 반영하는 것이기도 했다.

　나가오카가 처음에 간 곳은 베를린 대학이었는데, 당시 그 대학에는 헬름홀츠 Hermann von Helmholtz, 1821~1894 와 막스 플랑크 Max Planck, 1858~1947 등이 있었다. 한편 1년 후 나가오카는 볼츠만 Ludwig E.

헬름홀츠

다양한 방면에 업적을 남긴 독일 과학자. 물리학 및 화학에 바탕을 둔 기계론적 생리학을 주창했고, 에너지 보존에 대한 이론적인 연구도 행했다. 아울러 그는 검안경이나 각막계, 입체망원경 등 과학 장치를 발명하는 데도 공헌했다.

플랑크

양자론이 출발하게 되는 단서를 제공한 공로로 1918년에 노벨 물리학상을 수상한 독일의 물리학자. 흑체복사에 대한 연구를 통해 에너지 양자의 개념에 도달했고, 플랑크 상수 h를 도입했다.

볼츠만

오스트리아의 물리학자. 원자·분자 등의 미시적 세계의 역학(양자역학)에 입각해 통계적으로 거시적 세계의 법칙을 이끌어내는 통계역학을 발전시키는 데 크게 이바지했다.

Boltzmann, 1844~1906이 연구를 하고 있던 뮌헨 대학으로 전학하게 되는데, 이는 나가오카가 나름대로 독일 학계의 동향을 파악하고 있었기 때문이라고 여겨진다.

독일에서 연구를 한 것은 독일뿐 아니라 서유럽 전반의 연구 동향을 파악하는 데도 도움을 주었다. 나가오카는 영국에서 열린 학회에 참석해 영국의 유명한 물리학자들의 발표도 들을 수 있었다.

나가오카가 유학 중이던 시절은 뢴트겐Wilhelm K. Röntgen, 1845~1923의 X선 발견, 베크렐Antoine H. Becquerel, 1852~1908의 방사능 발견, 그리고 마리 퀴리Marie Curie, 1867~1934와 피에르 퀴리Pierre Curie, 1859~1906 부부의 방사능 물질 발견 등 물리학 분야에서 커다란 변화가 나타난 시기였다. 덕분에 나가오카는 독일뿐 아니라 영국과 프랑스의 최신 연구, 즉 중심부에서 행해지고 있던 연구

주제를 신속하게 접할 수 있었다.

　나가오카는 1896년에 귀국했지만, 4년 후 다시 세계 물리학 연구의 중심부를 접할 기회를 얻게 되었다. 1900년에 파리에서 열린 '제1회 만국물리학회'에 참석하게 된 것이다. 이 학회에서 나가오카는 베크렐의 우라늄 방사선과 형광 성질에 대한 설명, 그리고 퀴리 부부의 라듐 선에 대한 실험에 관심을 가졌다. 특히 퀴리 부부의 연구에 대해서는, "퀴리 부부의 라듐 실험을 보고 원자의 복잡함을 깨달았으며, 거기에서 받은 충격은 매우 엄청난 것이었다"고 회상할 정도였다. 또한 수리물리학자 푸앵카레Jules-Henri Poincaré, 1854~1912의 강연에 대해서도 "원자의 구조를 설명하기 위해서는 스펙트럼선이 원소별로 다른 모습을 띤다는 사실부터 파고들어 가는 게 지름길이라는 푸앵카레의 예측에 나는 엄청난 자극을 받았다"고 회상하고 있다. 즉 나가오카는 유럽의 제일선에서 활약하는 과학자들의 연구를 접하면서, 스스로의 연구 과제에 큰 자극을 받게 된 것이다. 유럽에서의 경험으로 자극을 받은 나가오카는 그 후 자신의 대표 연구로 알려진 원자의 구조에 대한 연구를 하게 된다.

나가오카의 원자 모형

원자란 어떻게 생겼을까? 더 이상 쪼갤 수 없는 물질의 근본 입자라는 의미의 '원자atom'라는 개념은 고대 그리스에서부터 있었고, 19세기 초에는 화학자 돌턴[•] John Dalton, 1766~1844에 의해 과학적 가설로 제시되었다. 물질의 성질을 탐구하고 설명하고자 하는 화학자들에게 원자라는 개념은 유용한 도구였다. 하지만 다른 한편으로 가설로서의 원자 개념에 대한 반발도 만만치 않았고, '더 이상 쪼갤 수 없는 입자'라면 적어도 그 내부 구조를 고려할 필요는 없었다.

이러한 상황은 19세기 말에 이르러 크게 변화했다. X선의 발견에 이어진 일련의 연구를 통해 방사능, 전자 등 원자에서 무언가 튀어나온다는 사실이 알려지게 되었고, 그보다 더 작은 입자가 발견된 상황에서 더 이상 원자는 '최소의 단위'로 내버려둘 수 없는 존재가 되어버렸다. 원자는 가설적인 도구에서 그 구조를 이해해야 하는 물리적 실체로 의미가 크게 바뀌게 된 것이다.

당시 원자 내부에 관해 알려진 사실 중 하나는 그 안에서 튀어나온 입자, 즉 전자가 음의 전기를 띠고 있다는 것이었다. 그런데 원자는 전기

🔬 **돌턴**

영국의 화학자, 물리학자. 근대 원자론을 제시해 근대 물리과학의 창시자 가운데 한 사람으로 알려져 있다.

적으로 중성이어야 하므로 전자를 제외한 부분은 양의 전기를 띠고 있어야만 했다. 톰슨_{Joseph John Thomson, 1856~1940}은 이를 설명하기 위해 전체적으로 양의 전기를 띠고 있는 공간에 음의 전기를 띤 전자가 흩어져 있는 원자 모형을 제시했다. 비유적으로 이야기하자면, 빵(+) 안에 건포도(-)가 점점이 박혀 있는 것과 비슷한 형태였다.

한편, 스펙트럼이나 방사능이라는 현상에 관심을 가지고 있던 나가오카는 1903년 12월에 열린 일본 국내 학회에서 자신의 원자 모형에 관한 강연을 했고, 1904년에는 영국과 독일의 학술지에 논문이 실렸다. 나가오카가 제시한 모델은 이른바 '토성 모양'을 한 원자 구조였다. 그것은 수많은 소행성들이 띠 모양으로 토성 주위를 돌고 있는 것처럼, 양의 전기를 띠고 있는 덩어리의 주위를 음의 전기를 띤 전자가 같은 속도로 돌고 있는 모형이었다. 이후 원자핵으로 알려지게 되는, 양의 전기를 띤 입자의 존재를 예측했다는 점에서 나가오카의 모형은, 톰슨이 제시한 모형과 비교해볼 때 현재의 원자 모형에 보다 가까운 것이라 할 수 있다. 그리고 이러한 연구 성과를 통해서 나가오카는 물리학의 역사에 이름을 남기게 된다.

새로운 원자 모형의 제안으로 나가오카는 그 후 유명해지게 되지만, 그렇다고 처음부터 나가오카의 모델이 환영받은 것은 아니었다. 전자의 발견으로 인해 여러 가지 원자 구조론이 제안

되고는 있었지만, 실제로 원자의 내부가 어떻게 생겼는지는 명확하게 밝혀지지 않았기 때문이다. 즉 구체적으로 원자 내부에 양의 전하가 어떻게 배치되어 있는지, 원자 안에 전자가 몇 개 있는지 등은 아직 분명하게 알려지지 않았던 것이다.

나가오카의 전기를 쓴 저자들의 평가에 따르면, 나가오카의 원자 모형은 원자 내부의 실제 구조를 밝히고자 했다기보다 오히려 방사능이나 스펙트럼이 나오는 원자가 어떻게 해서 안정성을 유지할 수 있는지를 수학적으로 설명하는 데 중점을 둔 것이었다. 즉 원자 내부에 있는 것으로 여겨지는 아주 작은 입자들이 서로 부딪치지 않으면서 어떻게 함께 존재할 수 있는지, 그리고 방사능이나 스펙트럼에 의해 에너지를 외부로 방출하면서도 어떻게 그 안정성을 유지할 수 있는지를 설명하기 위한 모형이었다는 것이다.

따라서 나가오카의 모델은 그때까지 알려진 현상들을 설명하기 위해 제안된 독창적인 것이었지만, 원자 내부의 실제 구조가 알려져 있지 않은 상태에서는 이를 어떻게 평가해야 할지조차 알지 못하는 상황이었다. 나가오카의 대표적인 연구가 '세계적인 업적'이 된 것은 1910년대에 접어들어서였다.

세계적인 물리학자 되기

지금은 나가오카의 원자 모형이 상당히 널리 알려져 있지만, 발표 당시에는 일본 안에서의 반응조차 그다지 높지 않았을뿐더러, 나가오카 자신도 그다지 자신 있었던 것 같지는 않다. 그는 일본 내 잡지에 발표한 것과 거의 같은 내용의 논문을 영국과 독일의 잡지에도 게재했지만, 외국 잡지에 실을 때는 일부 내용을 삭제했다. 서구의 과학자들에게까지 내보일 만큼의 자신이 있지는 않았던 것이다.

하지만   나가오카의 모형은 1910년대 들어서 크게 각광받게 된다. 영국 물리학자 러더퍼드 Ernest Rutherford, 1871~1937가 원자 한가운데에 전자보다 훨씬 무거운 무언가, 즉 원자핵이 있다는 것을 실험에서 밝혀내면서, 그가 알아낸 원자 구조가 나가오카의 원자 모형과 유사하다고 발표한 것이다. 토성의 주위를 소행성들이 돌고 있듯이, 원자핵의 주위를 전자가 돌고 있다는 나가오카의 예상과 러더퍼드의 실험 결과가 비슷하게 맞아 들어가게 된 것이다.

러더퍼드의 실험은 얇은 금박에 α입자라는 소립자를 충돌시키는 것이었다. 그런

> **🔬 러더퍼드**
>
> 영국의 물리학자. 러더퍼드는 방사선 물질의 붕괴와 변환, 라듐으로부터 나오는 입자들, 원자 구조에 관한 이론, 인위적 원소 붕괴 등에 관한 연구로 흔히 '원자 물리학의 아버지'라고 불린다.

데 그 입자들이 별다른 방해를 받지 않고 직진하리라는 예상과는 달리 어떤 입자들은 진행 방향이 휘기도 했고, 심지어 아주 소수이기는 했지만 거의 반대 방향으로 튀어나오는 것도 있었다. 이는 원자 내부의 공간이 대부분 비어 있는 반면, 질량과 양의 전하가 아주 좁은 공간에 집중되어 있다는 사실을 시사하는 것이었다.

이를 바탕으로 러더퍼드는 원자핵이 존재한다는 것을 밝혀냈는데, 이러한 획기적인 연구 성과는 나가오카가 제시한 원자 모형과 잘 들어맞는 것이었다. 사실 이러한 실험 결과는 러더퍼드 자신이 "종이에 대고 쏜 포탄이 튕겨나온 것처럼 놀라운 것이었다"고 표현할 정도였는데, 이렇듯 놀라운 원자 내부의 구조를 나가오카는 이미 이론적으로 예측하고 있었던 것이다.

19세기 말부터 국제 학술지에 논문을 발표하고 국제 학회에

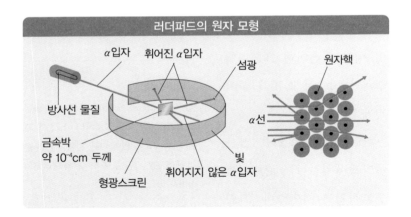

러더퍼드의 원자 모형

α입자 휘어진 α입자 섬광 원자핵
방사선 물질 α선
금속박 약 10⁻⁴cm 두께 빛
형광스크린 휘어지지 않은 α입자

일본 대표로 참석하면서 어느 정도 국제적으로도 알려지기 시작하던 나가오카는 그의 원자 모형이 주목받으면서 더욱 유명해지기 시작했다. 나가오카는 1912년에 런던 물리학회의 명예회원으로 추대되었으며, 1913년에는 노벨상 후보의 추천을 의뢰받기도 하였다. 나가오카는 세계 어느 누구도 잘 모르던 '원자의 구조'라는 물리학 최첨단의 문제에 적절한 해답을 제시한 과학자로 인정받기 시작한 것이다.

그러나 이러한 '세계적인 과학자'가 등장했다 하더라도 일본 과학의 주변성이 곧바로 해소된 것은 아니었다. 일본 과학계가 나가오카의 원자 모형을 인정하게 된 것은 스스로의 평가에 의해서가 아니라 과학의 중심부, 즉 서구의 평가에 의해서였기 때문이다. 영국에서 이루어진 연구 결과가 나가오카의 모형을 인정했고, 그러한 서구 과학의 권위를 통해 일본 내부에서도 그의 연구 성과가 '뛰어난 업적'으로 칭송받게 되었던 것이다. 과학의

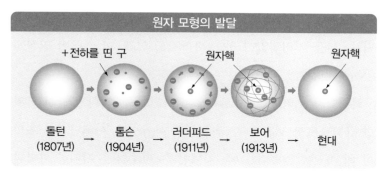

원자 모형의 발달

+전하를 띤 구 | 원자핵 | 원자핵

돌턴
(1807년) → 톰슨
(1904년) → 러더퍼드
(1911년) → 보어
(1913년) → 현대

주변부는 일반적으로 자신들의 연구 성과조차 중심부 과학계의 평가에 의존하는 경향을 보인다. 나가오카의 원자 모형에 대한 평가에서도 그와 같은 모습이 엿보인다.

이러한 주변성은 나가오카 본인의 의식에도 반영되어 있었다. 1913년에 노벨상 위원회로부터 노벨상 후보 추천을 의뢰받았을 때, 나가오카는 일본인 과학자를 추천하지 않았다. 아직 일본의 과학은 수상자를 배출할 만한 수준에 도달하지 않았다는 것이 그 이유였다. 그렇다면 과학자로서의 나가오카는 민족의식을 초월해 있었던 것일까? 결코 그렇지는 않았다.

민족주의자 나가오카

객관성과 합리성을 생명으로 하는 과학자는 민족주의나 인종주의와 같은 편협한 이데올로기로부터 초월해 있어야 할 것 같다. 하지만 "과학에는 국경이 없어도 과학자에게는 국경이 있다"는 말을 거리낌없이 하는 과학자도 있다. 어느 쪽이 진실에 가까운 것일까?

사회학자 로버트 머튼Robert K. Merton, 1910~2003은 과학의 발전을 위한 규범으로서 보편주의, 공유주의, 회의주의, 이해관계의 초월의 네 가지를 들었다. 그중 첫째인 '보편주의'는 어떠한 과학적 주장이라도 그것을 주장한 사람의 인종, 국적, 성별, 종교, 지위 등과는 관계없이 보편적인 기준에 의해 평가되어야 한다는 것이다. 이 주장은 너무나 당연한 것처럼 여겨지지만, 나가오카가 자신의 논문이 영국의 학술지에 실리는 데 도움을 준 켈빈 경에 대해 "황색 인종임에도 불구하고 관심을 보여준 데 대해 감동했고 그것에 감사한다"고 언급한 것을 생각해보면, 물리학자 나가오카는 최소한 사회학자 머튼이 생각한 과학자들의 이상 세계와는 다른 과학계의 모습을 머릿속에 그리고 있었던 것 같다.

사실 인종과 민족은 나가오카가 과학자의 길을 걷는 것을 결정하기 위해 1년간 휴학까지 하면서 중국의 고전을 뒤지게 할 정도로 그의 등에 얹혀진 커다란 짐이었다. 그는 서구인에 대해 강렬한 경쟁의식을 지니고 있었고, 때로는 반감도 갖고 있었던 것이다.

나가오카가 대학원에 다니던 1888년, 당시 유럽에 유학 중이던 선배 다나카다테에게 보낸 편지에서 그는 "서양 문명은 피상적인 것에 불과하다"고 주장하면서, "백인은 언제나 옳고 신용할 만하다는 생각은 비겁한 생각"이며 "그들에게 이겨서 그들의 본성을 밝혀내야 한다"고 밝힌 바 있다. 더욱이 나가오카는 그러한 승리에 대해 조바심마저 내고 있었다. 나가오카는 그와 같은 승리가 10년 혹은 20년 안에 이루어지기를 바라고 있었으며, 자신이 죽은 후에 이루어져봐야 별 의미가 없다고까지 말했다. 그

편지를 쓸 당시의 나가오카가 20대 초반이었다는 점을 생각하면, 스스로의 눈으로 서구인을 능가한 일본인의 모습을 직접 보고 싶다는 심정을 드러내고 있었던 것으로 보인다. 실제로 그는 자신의 스승인 노트의 연구에 대해서도 신랄하게 비판했다.

이렇듯 강렬한 인종의식을 지니고 있던 나가오카는 이후 유학지 독일에서 아시아 인종으로서 무척이나 굴욕적인 경험을 하게 된다. 베를린 대학에서 공부를 하던 나가오카는 한 강사에게 여

과학 발전을 위한 규범

과학사회학자 로버트 머튼은 과학 연구를 제대로 수행하기 위해 과학자들이 지켜야 할 규범으로 보편주의, 공유주의, 회의주의, 이해관계의 초월의 네 가지를 제시했다.

1. 보편주의 : 어떠한 과학적 주장에 대해서든 그것을 내놓은 사람이 누구냐와는 무관하게 보편적 기준에서 평가해야 한다는 것.
2. 공유주의 : 과학지식이 사유재산으로 취급되는 것이 아니라 공동체에 의해 공유되어야 한다는 것.
3. 이해관계의 초월 : 연구 활동에 과학자의 이해관계가 개입해서는 안 된다는 것.
4. 회의주의 : 과학적 주장에 대해서는 제대로 검증될 때까지 계속해서 의문을 던져야 한다는 것.

이러한 네 가지 규범은 과학자의 이상적인 모습을 그리고 있는 것이지만, 이상과 현실은 약간 다른 모습을 보인다. 예컨대 연구의 결과가 '특허'라는 형태의 재산으로 취급되는 것은 공유주의의 이념과는 모순되며, 데이터가 조작된 논문이 세계적인 과학 잡지에 실릴 수 있다는 것은 회의주의의 메커니즘이 제대로 작동하지 않는 측면을 드러내는 예다. 나머지 두 규범의 경우는 어떤지 독자 여러분이 직접 생각해보자.

러모로 도움을 많이 받은 바 있어서 그의 집을 찾아간 적이 있었
다. 그런데 그 집을 지키고 있던 할머니가 문을 빠끔 열고 나가
오카를 보더니 이내 문을 닫고 안으로 들어가버리는 것이었다.
이상하게 여긴 나가오카가 몇 번 더 문을 두드리자, 신경질이 난
그 할머니는 나가오카를 향해 큰소리로 화를 내고는 문을 쾅 닫
아버렸다.

당시 도쿄 대학 조교수로서 일본 최고의 엘리트였던 나가오카
로서는 난데없는 봉변을 당한 셈이었다. 이상하게 생각한 나머
지 베를린에 10년 정도 거주하던 일본인 선배에게 이 이야기를
했다. 그랬더니 선배의 대답은 "독일 사람이 보기에 일본인이건
터키인이건 아프리카 사람이건 까맣게 보이는 건 다 마찬가지
야. 아마 그 할머니가 보기에 자네는 몸에도 안 맞는 양복을 입
은 실업자나 거지로 보였던 게 아닐까?"하는 것이었다. 나가오
카는 그 굴욕적인 체험을 한 뒤 양복을 새로 맞추었다고 한다.

열렬한 민족주의자로서 나가오카의 모습은 전쟁에 대한 그의
감상 속에도 잘 드러나고 있다. 독일 유학 중에 청일전쟁 소식
을 접한 나가오카는 그 전쟁을 '청나라를 정벌하는 사건'으로
기록하고 있으며, "이렇게 멀리 떨어져 있는 내 입장에서는 일
본군의 승전보를 접할 때마다 기쁨을 감추지 못하겠다"는 표현
까지 했다.

그로부터 10여 년 후에 일어난 러일전쟁 때에도 나가오카는

흥분을 감추지 못했다. 아마도 '세상 돌아가는 일에는 관심이 없고 연구실에만 처박혀 있는 사람'이라는 과학자의 이미지 때문인지, 나가오카에 대해 한때는 '연구에 몰두한 나머지 러일전쟁이 일어났다는 사실조차도 모르는 과학자'라는 소문이 돌기도 했다. 하지만 이것은 사실과 다르다. 그는 러일전쟁 도중에 열린 한 강연에서 "뤼순旅順 요새 공격은 물리 연구의 방법을 방불케 한다"며 흥분했고, 아들들에게조차 러일전쟁 당시의 중요한 전투지 이름을 따 順吉('뤼순'에서 따옴), 遼吉('랴오양'에서 따옴), 鐵吉('톄링'에서 따옴)이라는 이름을 붙일 정도였다. 냉철한 과학자라기보다는 전쟁에 열광하는 민족주의자의 모습에 가깝다는 이미지마저 느끼게 한다.

그렇다면, 합리적이고 객관적이며 국제주의적이어야 할 것 같은 과학자의 모습과 실제로는 강렬한 민족의식와 인종의식을 지니고 있던 나가오카의 모습은 모순된 것이었을까?

세계의 과학,
일본의 과학

이미 살펴봤듯이 나가오카는 서구의 일류 과학자들에게 존경심을 품고 있으면서도 강렬한 인종의식과 민족의식을 지니고 있었다. 과학자로서의 나가오카와 민족주의자로서의 나가오카. 이를 이해하기 위해서는 당시 일본 과학이 세계 과학 속에서, 그리고 일본 사회 안에서 차지하고 있던 위치를 살펴볼 필요가 있다.

다나카다테에게 보낸 1888년의 편지에서 나가오카가 기대했던 바대로라면, 10~20년 후, 즉 1900년대에서 1910년대에 이르면 일본의 과학이 세계의 과학계에서 우뚝 솟아 있어야 했다. 과연 일본 과학과 세계와의 경쟁은 어떠한 모습을 띠고 있었을까? 그리고 나가오카는 그와 같은 경쟁을 위해 일본의 과학이 어떤 방향으로 나아가야 한다고 생각했을까?

만국박람회와 과학계의 통합 움직임

나가오카가 활약하던 시기는 전 세계의 과학계가 점점 더 통합해가는 모습을 보이던 시기이기도 했다. 나가오카가 파리에서 열린 '제1회 만국물리학회(현재 국제물리학회)'에 참석한 것이 1900년이었고, 전 세계의 과학자를 망라해서 노벨상 수상자를 결정하기로 한 것은 1901년이었다. 20세기는 이렇듯 세계 과학계 통합의 움직임과 함께 시작했던 것이다.

과학의 전 세계적인 통합과 관련해서 주목할 만한 것 중 하나는 '만국박람회'라는 문화기술적 공간이다. 요즘은 인터넷이나 위성방송 등을 통해 전 세계의 모습을 집안에서도 일상적으로 접하기 때문에 세계박람회는 그저 약간의 신기함과 즐거움을 주는 공간에 불과할지 모른다. 그러나 라디오조차 없던 시기의 만국박람회는 일반 시민들에게 세계의 모습을 보여주는 아주 특별한 공간이었다.

만국박람회는 세계 각국의 기술을 경쟁시킴으로써 과연 어느 나라가 기술적인 힘을 더 많이 가지고 있는지 보여주는 동시에, 국가나 지역을 상징하는 대형 건축물과 그 안에 배치된 전시물을 통해 누가 더 문명의 우위에 서 있는지를 보여주는 공간이기도 했다.

만국박람회가 과학의 세계적인 통합 움직임과 관련이 있다는 점은 1900년 파리에서 열린 '제1회 만국물리학회'가 같은 해 같은 도시에서 열린 만국박람회를 계기로 개최되었다는 점에서도 알 수 있다. 이 박람회의 조직위원회는 만국박람회의 개최라는 좋은 기회를 놓치지 않고 전 세계의 물리학자를 파리로 불러 모으고자 계획한 것이다.

이 국제물리학회의 마지막 날, 프랑스의 물리학자인 프레넬 Augustin J. Fresnel, 1788-1827의 묘소를 참배하는 일정이 있었다는 데서도 엿보이듯, 프랑스는 만국박람회와 만국물리학회를 통해서 자국의 기술과 과학을 널리 과시하고자 했다. 참고로, 1904년에 만국박람회가 열린 미국 세인트루이스에서는 '만국전기학회(현재 국제전기학회)'도 함께 열렸다. 만국박람회와 국제적인 학술대회는 주로 이렇게 어깨를 나란히 하며 함께 열리곤 했던 것이다.

물론, 프랑스의 민족주의가 '왜 세계 최초의 국제물리학회가 1900년에야 비로소 열리게 되었을까' 하는 질문에 대한 모든 대답을 제공해주는 것은 아니다. 만약 그랬다면, 단지 다른 나라의 잔치에 들러리 서기 위해 전 세계에서 물리학자가 모이는 일은 불가능했을 것이다. 앞에서도 이야기했듯이, 1890년대부터 물리학계에서는 그때까지 모르고 있던 새로운 현상들, 즉 X선, 방사능, 전자의 존재 등을 알아내기 시작했다. 또 다른 한편으로는 물리학 내 세부 분야의 증가에 따라 물리학자들 사이에서 의사소통이 점차 어려워지고 있었다. 이러한 물리학 내부의 문제를 해결하기 위해서도 물리학자들이 모일 필요가 있었던 것이다.

한 척은 몇 cm일까?

그러나 실제로는 전 세계에서 모여든 수많은 물리학자들이 한 자리에서 연구 발표와 토론을 진행하는 것은 곤란한 일이었다. 결국 학회는 일곱 개의 분과로 나뉘어 이루어질 수밖에 없었다. 흥미로운 것은 그 일곱 개의 분과 중 제1분과가 '일반물리학과 도량형'이었다는 것이다.

도량형이라고? 지금 생각으로는 초등학교에서 배우는 이런 초보적인 것을 세계의 물리학자들이 논의했다는 것이 놀랍기도 하다. 하지만 지금도 "박찬호가 100마일 광속구를 던졌다"거나 "미셸 위가 몇 백 야드의 장타를 날렸다"는 등의 보도를 접하다 보면, 일상생활 속에 깊숙이 침투해 있는 수많은 도량형들을 하나의 표준으로 통합하는 것이 좀처럼 쉬운 일은 아니었을 거라는 점을 새삼 깨닫게 된다. 놀랍게도, 제1회 국제물리학회의 마지막 날 열린 총회에서는 '단위특별위원회가 결정한 보고'를 통해 "밀도는 질량을 부피로 나눈 값으로 한다"고 정하고 있다.

단위나 표준이 과학 연구에서 중요하다는 것은 쉽게 짐작할 수 있는 일이다. 하지만 기술적인 면에서는 더욱 큰 문제가 발생할 수 있다. 예컨대 서울역과 대전역, 그리고 대구역의 시계가 각각 다른 시각을 가리키고 있다고 가정해보자. 과연 어떤 일이 벌어질까? 실제로 서울과 대전, 대구는 경도가 조금씩 차이가 나므로 태양이 자오선을 통과하는 시각을 기준으로 한다면, 정확하게 따져서 몇 분 정도의 시각 차이는 날 것이다.

물론 그 정도의 차이라면 특별히 중요한 일이 아닌 이상, 일상생활에서는 무시할 수도 있는 수준이다. 하지만 그 사이를 열차가 달린다면 어떻게 될까? 몇 분 단위로 정해진 궤도 위를 고속으로 달리는 열차의 경우에는 대전역 시계와 대구역 시계 사이단 몇 분의 차이도 치명적일 수 있다. 수많은 사상자를 내는 것은 물론이려니와 국가의 대동맥이 일순간에 마비될 수도 있다. 즉, 서울역과 대전역, 대구역의 시계는 어떤 기준이 됐든 하나의 표준으로 통일되어야만 한다. 기차가 없는 시절에는 필요하지 않았던 표준이 반드시 필요해진 것이다.

각 지역의 통합도가 낮고 기술적으로 연결되어 있지 않던 시절에는 굳이 그러한 표준이나 규격을 정할 필요는 없었다. 하지만 각 지역이 기술의 발달에 의해 통합되고 교통이나 통신의 속도가 점점 빨라지면서, 기술적 연결망에 포함되는 지역은 하나의 표준이나 규격을 가질 필요성을 느끼게 됐다. 그렇지 않으면 위험이 발생하거나, 효율성이 떨어지거나, 아니면 불편한 일이 생기게 되기 때문이다.

그런데 곰곰이 생각해보면 하나의 단위나 표준이 다른 단위나 표준보다 우월하다는 합리적인 기준은 존재하지 않는 경우가 많다. 예를 들면, 1미터라는 단위는 북극에서 파리를 지나 적도에

나므로 태양이 자오선을 통과하는 시각을 기준으로 한다면, 정확하게 따져서 몇 분 정도의 시각 차이는 날 것이다.

물론 그 정도의 차이라면 특별히 중요한 일이 아닌 이상, 일상생활에서는 무시할 수도 있는 수준이다. 하지만 그 사이를 열차가 달린다면 어떻게 될까? 몇 분 단위로 정해진 궤도 위를 고속으로 달리는 열차의 경우에는 대전역 시계와 대구역 시계 사이 단 몇 분의 차이도 치명적일 수 있다. 수많은 사상자를 내는 것은 물론이려니와 국가의 대동맥이 일순간에 마비될 수도 있다. 즉, 서울역과 대전역, 대구역의 시계는 어떤 기준이 됐든 하나의 표준으로 통일되어야만 한다. 기차가 없는 시절에는 필요하지 않았던 표준이 반드시 필요해진 것이다.

각 지역의 통합도가 낮고 기술적으로 연결되어 있지 않던 시절에는 굳이 그러한 표준이나 규격을 정할 필요는 없었다. 하지만 각 지역이 기술의 발달에 의해 통합되고 교통이나 통신의 속도가 점점 빨라지면서, 기술적 연결망에 포함되는 지역은 하나의 표준이나 규격을 가질 필요성을 느끼게 됐다. 그렇지 않으면 위험이 발생하거나, 효율성이 떨어지거나, 아니면 불편한 일이 생기게 되기 때문이다.

그런데 곰곰이 생각해보면 하나의 단위나 표준이 다른 단위나 표준보다 우월하다는 합리적인 기준은 존재하지 않는 경우가 많다. 예를 들면, 1미터라는 단위는 북극에서 파리를 지나 적도에

이르는 자오선 길이의 1천만분의 1로 정한 것이다. 이를 정하는 데 필요한 과학적 노력이 엄청났으리라는 점은 충분히 이해할 수 있지만, 그렇다고 해서 이렇게 힘들게 정한 1미터라는 단위가 한 척이라는 단위보다 더 합리적이라고 할 수 있을까? 지구는 둥글기 때문에 굳이 어느 자오선을 표준이라고 할 수 없는데, 왜 세계의 표준 시각은 하필이면 영국의 그리니치 천문대를 지나는 자오선을 기준으로 하고 있을까? 이는 일단 어떻게든 표준이나 규격이 정해지고 나면, 그것을 따르는 편이 합리적인 선택이 될 가능성이 크기 때문이다. 표준에 맞지 않는 제품은 만들어도 쓸모가 없는 경우가 종종 생길 것이며, 규격에 맞지 않는 부품을 썼을 경우에는 커다란 위험을 초래할 수도 있다.

궤도의 폭이 다른 철로에서는 기차가 달릴 수 없듯이, 하나의 기술 시스템 안에서는 일단 정해진 표준이나 규격이 지켜져야 한다. 제국주의 열강의 팽창이 자신들의 기술 시스템을 세계로 퍼뜨려나가는 것이기도 했다는 점을 감안해본다면, 이 과정에서 '프랑스의 길이'와 '영국의 시간'이 세계로 퍼져 나갔다고 생각해볼 수 있지 않을까?

1900년에 세계의 물리학자들이 여전히 도량형을 가지고 논의했다는 것은 이러한 단위의 통합이 이루어진 지 아직은 얼마 되지 않았다는 점을 귀띔해준다. 실제로 미터법 조약이 17개국 사이에 맺어진 것은 1875년의 일이고, 그나마도 이 조약을 맺은 나라들이 처음부터 그와 같은 단위의 채용에 순순히 응했던 것은 아니었다.

지구를 정확히 측정하기

단위의 표준을 정하는 것은 기술의 규격을 정하는 것이기도 하지만 지구의 크기, 지구의 각 지점에서의 위치, 그리고 각 지역에서의 시각을 정하는 것이기도 하다. 그런데 흥미롭게도 제1회 국제물리학회가 열린 1900년의 파리에서는 지구의 모양을 재는 학문, 즉 측지학의 국제학회도 열렸다. 게다가 1900년에 열린 국제측지학회는 이미 13회째를 맞이하고 있었다.

특히 이 분야는 군사 문제와 관련이 깊은데 이는 1876년 강화도 조약을 맺게 한 빌미가 일본 운요호의 해저 탐사에 있었다는 것을 봐도 알 수 있다. 실제로 땅과 바다의 모양을 정확히 이해하는 것은 군사 작전상 긴요한 일이었다. 서구 열강이 군사적으로도 세계로 뻗어 나가게 되면서, 그들은 점점 더 세계의 땅과 바다 모양을 알 필요가 있었던 것이다.

일본은 1886년부터 열리기 시작한 국제측지학회에 1889년에 가입했는데, 여기에는 서구 국가들의 필요에 의해 일본이 편입되었다는 측면이 적지 않다. 서구 과학자들은 지구의 경도와 위도 변화를 조사하기 위해 북위 38도 8분에 거의 같은 간격으로 여섯 군데의 관측소를 설립할 것을 결의했다. 그러기 위해서는 동아시아 지역, 즉 일본에도 관측소를 설립해야 했던 것이다. 일본 정부는 그 요청을 받아들여 국제측지학회와 조약을 체결하고 일본 내의 담당기구로 '측지학위원회'를 설립했다.

하지만 서구 과학자들의 필요에 따라 만들어진 측지학위원회는 동시에 일본의 군사적인 필요성에 따른 조직으로서도 운영되었다. 측지학위원회의 초기 멤버는 위원장을 포함해 7명이었는데, 그중 한 명은 해양지도 등을 관할하는 해군 수로부장이었고, 다른 한 명은 육지 측량을 담당하는 참모본부 측량과 소속이었다. 청일전쟁에서 승리한 후 제국주의 세력으로 등장하기 시작한 일본도 자신들이 필요로 하는 과학적 조사에 관심을 가지기 시작했던 것이다. 나가오카도 일본 측지학위원회와 관련해 조사 연구를 수행한 바 있다.

외교적 · 이데올로기적 도구로서의 과학

과학은 이렇듯 군사력 증강을 위해 필요한 도구이기도 했지만, 외교 또는 이데올로기적인 문제를 푸는 하나의 열쇠가 되기도 했다. 특히 1900년대 일본의 입장에서는 더욱 그러했다.

미국 세인트루이스에서 만국박람회가 열린 1904년은 러일전쟁
이 발발한 해이기도 한데, 대국 러시아와 전쟁을 벌이게 된 일본
정부는 이 박람회를 외교 무대로도 이용하고자 했다. 일본은 이
미 1902년에 영일동맹을 맺어놓고 있었지만, 그렇다고 서구 열
강의 여론이 일본에게 유리한 것은 아니었다. 당시 서구 세계에
는 황화론黃禍論, 즉 황색 인종이 세계를 지배하게 될지도 모른다
는 두려움이 퍼져 있었기 때문에, 서구의 많은 사람들에게 이 전
쟁은 인종 간의 전쟁처럼 비쳐지고 있었던 것이다. 따라서 대국
러시아와 벅찬 전쟁을 벌이고 있던 일본은 이 전쟁을 인종 간의
전쟁이 아니라 '차르tsar(제정 러시아 황제의 칭호) 치하에서 신음
하는 전제 국가 러시아'와 '문명화된 일본' 사이의 전쟁으로 인
식시키고자 애쓸 수밖에 없었다. 그리고 각국이 모여드는 만국
박람회는 이러한 이데올로기 선전의 장으로 적합한 공간이었다.

특히 일본이 '문명국'임을 선전하는 데 있어 과학은 더없이 좋
은 소재였다. 일본은 이 박람회를 위해 일본의 '지진학'을 선전
하는 책자를 준비했는데, 거기에서는 "일본이야말로 지진학을
통해 세계 과학계에 공헌해야 할 임무가 있다"고 명시했다. 즉
일본은 과학 능력을 지녔으며, 이를 통해 세계에 기여할 수 있는
문명국이라는 점을 증명하고 싶었던 것이다.

하지만 러일전쟁의 승리가 '문명국'의 일원임을 증명해야 하
는 과제를 해결해준 것은 아니었다. 러일전쟁을 통해 군사력을

과시하게 된 일본은 스스로 열강의 하나임을 보여줄 수는 있었으나 지적인 능력, 즉 과학을 통해서도 문명국임을 보일 필요성은 여전히 남아 있었던 것이다. 특히 러일전쟁에서의 일본의 승리는 황화론에 더욱 불붙이는 결과를 초래했으며, 실제로 전쟁이 끝난 직후인 1906년에는 미국 샌프란시스코의 공립 초등학교에서 일본인 학생을 추방하는 일이 벌어지기도 했다.

따라서 일본의 과학자는 일본인이 뛰어난 과학 능력을 지닌 민족임을 세계에 증명해야 했다. 예컨대 러일전쟁 이후 일본에서 적극적으로 추진된 암 관련 연구는 실제로 실용적인 측면은 거의 지니고 있지 않았으며, 그 목표는 일차적으로 세계적인 연구 성과를 낸 일본의 과학 수준을 과시하는 데 있었다. 당시 과학은 전쟁과 외교, 문명과 인종이라는 방정식도 풀어야 하는 위치에 놓여 있었던 것이다.

노벨상과 나가오카

세계 여러 나라의 기술 능력을 과시하는 장으로 만국박람회가 19세기 중반부터, 그리고 여러 나라의 신체적 능력을 과시하는 장으로 근대 올림픽이 19세기 말부터 열리고 있었다고 한다면, 20세기의 첫 무렵에는 각국의 지적 능력을 과시하는 장으로서

'노벨상'이라는 공간이 열리기 시작했다.

스웨덴 발명가 알프레드 노벨Alfred Nobel, 1833~1896의 유언에 따라 창설된 노벨상은 1901년부터 수상자를 선정해왔다. 그런데 서구 과학의 중심부라고 하기는 힘든 스웨덴에서 수상자를 결정하는 이 상에 대해, 초기에는 과학자들이 그다지 큰 관심을 보이지 않았다. 그러나 상금의 액수가 크다는 점, 그리고 유명한 과학자를 수상자로 결정하는 과정을 통해 이 상은 조금씩 권위를 획득해 갔다. 특히 제1차 세계대전을 앞두고 유럽 여러 나라 사이에 긴장이 고조되면서 수상자 수를 두고 경쟁이 시작되기도 했다.

일본인으로서 처음으로 노벨상 후보의 추천을 의뢰받은 사람은 나가오카의 선배인 다나카다테 아이키쓰였지만, 제2차 세계대전 이전까지 일본인으로서 가장 빈번하게 노벨상 추천 의뢰를 받은 사람은 나가오카였다. 나가오카는 1914년부터 1940년까지 여덟 번에 걸쳐서 10명의 과학자를 노벨상 후보로 추천했으며, 1923년과 1948년에도 추천장을 쓰지는 않았지만, 추천 의뢰는 받았다. 노벨상위원회의 입장에서, 국제 학회에 빈번히 참가해왔던 나가오카는 일본을 대표하는 과학자로 인식되었다고 볼 수 있다.

나가오카에게 처음으로 추천 의뢰가 온 것은 1913년, 즉 1914년도 수상자를 추천받을 때였다. 1911년에 러더퍼드가 원자핵의 발견과 관련해 나가오카의 원자 모형에 대해 언급했고, 1912년에는 나가오카가 런던 물리학회 명예회원으로 추대되었으므로,

1913년의 추천 의뢰는 나가오카의 국제적인 지명도를 반영하는 것이라고 할 수 있겠다.

젊은 시절부터 일본 과학의 성장을 강렬히 바라고 일본이 과학 분야에서 유럽, 미국 등과 어깨를 나란히 할 것을 기대하고 있었던 나가오카는 1913년에 처음으로 노벨상 후보의 추천 의뢰를 받았을 때, 일본인 과학자가 아닌 네덜란드 과학자를 후보로 추천했다.

물론 자국의 과학자나 같은 연구기관의 과학자라는 이유에서 후보로 추천하는 것은 객관적인 태도라고 할 수 없다. 그러나 실제로는 친분 관계가 있는 과학자를 후보로 추천하는 경향이 있었으며, 나가오카 이외에 추천을 의뢰받은 일본 과학자들은 거의 대부분 일본인을 후보로 추천했던 것을 볼 때, 1940년 이전까지 줄곧 외국인 과학자를 후보로 추천한 나가오카의 행동은 눈여겨볼 만하다.

그렇다고 해서 나가오카가 일본인의 수상을 바라지 않았던 것은 아니다. 나가오카는 1914년도 후보의 추천장 끝에 "일본인을 추천하지 못하는 것이 안타깝지만, 다음 세대에는 수상자가 나오기를 기대한다"고 적은 바 있다. 나가오카가 보기에 안타깝게도 당시 일본의 과학은 여전히 미성숙한 단계에 있었으며, 대부분의 연구는 일상적인 업무의 성질을 띠고 있는 것에 불과했던 것이다.

실제로 나가오카가 전쟁 전에 추천한 7명의 노벨상 후보들이 모두 노벨 물리학상을 수상했다는 점을 감안해본다면, 나가오카

는 당시의 국제적인 연구 동향을 상당히 잘 파악하고 있었다고
할 수 있겠다.

일본의 과학 수준에 대한 나가오카의 불만

나가오카가 일본인 과학자를 노벨상 후보로 추천할 수 없었던
것은 일본 과학에 대해 불만을 가지고 있었기 때문이었다. 그는
일본의 과학자들이 지엽적인 문제에 매달려 큰 문제를 보지 못
하며, 기초과학 연구보다는 일상적이고 실용적인 연구에만 치중
한다고 보았다. 바꾸어 말하면, 나가오카는 일본의 과학이 아직
도 주변성을 벗어나지 못하고 있다고 판단했던 것이다.

나가오카는 1910년부터 이듬해까지 유럽을 방문해 그 기록을
남겼는데, 여기에는 독일 등 선진국들에 비해 한참 뒤처진 일본
과학에 대한 그의 불만이 잔뜩 묻어 있다. 한 예로, 나가오카는
독일 아헨 지방에 갔을 때의 이야기를 이렇게 전하고 있다.

나가오카가 이 지역에 온천이 많다는 이야기를 듣고 그 지역
과학자에게 "이곳에서는 온천 측정을 어떻게 하느냐"고 물어봤
더니, 독일인 과학자의 대답은 "우리는 그런 시시한 일은 안 한
다"는 것이었다. 즉, 그렇게 일상적이고 지엽적인 일은 과학자의
일이 아니라는 것이다. 그런데 나가오카가 보기에 일본의 과학

자들은 여전히 그러한 '일상적이고 지엽적인 일'에 매달려 있었고, 그는 일본 과학이 독일 같은 선진국 수준에 올라서기 위해서는 그 점을 하루빨리 극복해야 한다고 생각했다.

그 글에서 나가오카는 다소 빈정거리는 투로 "일본의 물리학자들도 지엽적인 분야에서만큼은 좋은 성과를 내고 있다"고 평가했다. 즉 일본 지역과 관련한 지구물리학, 즉 중력이나 자기 등과 같은 분야에서는 어느 정도 성과를 내고 있다는 것이었다. 그런데 흥미롭게도 나가오카는 일본의 지진학에 대해서는 '지엽적인 성과'로조차 언급하지 않았다.

1890년대에 이미 '지진학 분야에서는 일본이 세계 최고'라고 뽐내고 있었으며, 1900년대 일본인의 과학적 능력을 입증하고자 하는 목적으로 발행한 책자에서 그 대표적 예로 제시된 이 분야를 왜 민족주의자인 나가오카는 언급조차 하지 않았을까?

사실 나가오카와 그의 제자인 구사카베 시로타 日下部四郎太, 1875~1924는 1900년대 초반에 지진에 관한 연구를 하고 있었다. 단, 그들이 택한 방법은 지진학자들이 하는 연구 방법과는 다른 것이었다. 지진학자들은 지진계를 고안해 여기에 기록된 지진파를 분석하는 방법으로 연구를 하는 데 반해, 나가오카와 구사카베는 암석 표본을 만들어 이 표본의 탄성 특질을 실험실에서 측정함으로써 지진파의 성질을 이해하고자했다. 지진학자가 '관측'이라는 방법을 택했다면, 물리학자인 나가오카와 구사카베는

'실험'이라는 방법을 택했다고 볼 수 있다.

그런데 나가오카와 구사카베가 보기에 지진학자의 연구 방법은 사상누각沙上樓閣과 같은 것이었다. 지진이 파동이라면 당연히 그것이 전달되는 매질媒質(어떤 파동 또는 물리적 작용을 한 곳에서 다른 곳으로 옮겨 주는 매개물. 음파를 전달하는 공기, 탄성파를 전달하는 탄성체 따위가 있다)인 암석에 대해서도 이해할 필요가 있는데, 지진학자는 이러한 근본적인 문제에도 별 관심이 없는 것처럼 보였다. 나가오카는 이에 대해 "현재의 지진학 수준은 음파에 대한 지식 없이 음악을 연주하는 유치한 단계에 머물러 있다"고 빈정거렸다. 즉 당시의 일본 지진학에 대해서 물리학의 기초가 결여된 학문이라고 비판한 것이다.

이러한 물리학자들의 비판은 지진학자의 심기를 크게 건드렸다. 미국 샌프란시스코나 이탈리아에서 대지진이 발생했을 때 서구인에게 '한 수 가르쳐주고자' 현지에 파견되기도 했던 지진학자 오모리 후사키치大森房吉, 1868~1923가 보기에 물리학자들의 연구 방법은 타당하지 않은 것으로 여겨졌다. 왜냐하면 거대한 지구 규모에서 일어나고 있는 지진이라는 현상을 조그마한 실험실 안에서 암석 표본을 가지고 연구하는 것은 사실을 왜곡할 수 있다고 생각했기 때문이다. 사실, 실험이란 자연을 그대로 관찰하는 것이 아니라 인공적으로 만들어진 실험실이라는 공간에서 인위적으로 조작된 자연을 관찰하는 것이라 할 수 있다. 따라서 오모리는 지진이라는 현상을 이해하는 데 실험은 부적절한 방법이라고 판단했던 것이다.

지진에 대한 연구방법을 둘러싼 1906년의 논쟁 이후, 나가오카와 구사카베는 지진에 관한 연구에 거의 손을 놓았다. 1910년대 초반, 나가오카가 일본의 지진학에 대해 언급조차 하지 않은 데는 이러한 감정적인 대립의 영향도 있었을지 모르지만, 아마도 그보다는 나가오카가 보기에 당시 일본에서 행해지고 있던 지진학이 그야말로 기초를 갖추지 못한 사상누각에 불과했기 때문이었으리라.

제1차 세계대전과 일본 과학의 자립

기초 연구를 강화해야 한다는 나가오카의 주장은 1914년에 발발한 제1차 세계대전을 계기로 조금씩 실현되기 시작했다. 이 전쟁은 일본 과학에 기회와 위기를 동시에 가져다주었으며, 이를 통해 일본 과학계는 변화해갔던 것이다. '세계대전'으로 불리기는 하지만 이 전쟁은 사실상 주로 유럽을 무대로 벌어지고 있었기 때문에 일본에 직접적인 피해는 없었다. 오히려 전쟁 기간 중 연합국으로부터 군수품 수요가 증가함에 따라 일본으로서는 중화학공업을 성장시키는 기회가 되었다. 또 다른 한편으로, 이

전쟁은 일본의 입장에서 볼 때 전쟁에 빠져 든 유럽 각국을 대신해 아시아 시장에서 자국 제품의 점유율을 높여가는 계기가 되기도 했다. 일본 산업계의 입장에서 이 전쟁은 성장을 위한 절호의 기회였다.

하지만 이 전쟁을 통해 일본의 산업계는 위기의식을 느끼기도 했다. 당시 일본 산업계는 필요한 화학약품 등을 독일에 의존하고 있었는데, 전쟁이 발발함에 따라 이를 조달받는 데 큰 어려움을 겪게 된 것이다. 즉 전쟁을 계기로 일본은 지속적인 산업의 성장을 위해서는 과학기술의 자립이 필요하다는 점을 절실히 느끼게 되었다.

그 결과 일본에서는 '과학기술의 외국으로부터의 자립', 그리고 '과학의 기술로부터의 자립'을 외치게 되었고, 1917년에는 물리학과 화학 관련 연구를 하는 종합 연구소인 '이화학연구소理化學研究所'가 설립되었다. 아울러 이 시기에는 각종 연구비가 증가했고, 대학 내의 과학기술 관련 강좌도 늘어났다. 서구와 어깨를 나란히 할 수 있는 기초과학을 육성해야 한다는 나가오카의 주장이 서서히 실현되고 있었던 것이다.

일본 과학계가 변화해가는 가운데 1920년대에 이르러 나가오카는 일본을 대표하는 '국민 과학자'로서의 지위를 누리게 되었다. 1922년 아인슈타인Albert Einstein, 1879~1955이 일본을 방문해 전국적으로 이 천재 과학자에게 열광하는 분위기가 퍼져 나가고 있었을 때, 나가오카는 당시의 섭정攝政(군주가 직접 통치할 수 없을 때 군주를 대신해 나라를 다스림. 또는 그런 사람)에게 상대성 이론을 강의했다. 제2차 세계대전 이전의 일본 헌법에서 주권이 군주에게 속해 있었다는 점을 감안한다면, 나가오카의 권위를 상상하는 데 큰 어려움이 없을 것이다.

'원자 구조에 대한 모형의 제시'라는 물리학의 근본 문제에 대한 업적으로 이름을 알렸던 나가오카는 이제 군주와 아인슈타인이라는 막강한 권위를 등에 업고 '일본을 대표하는 과학자'라는 이미지를 더욱 강화해갈 수 있었다. 이러한 상황에서 1924년에 나가오카는 다소 엉뚱한 화제로 주목을 끌게 된다.

나가오카는 당시 "수은으로 금을 만들 수 있다"고 주장했는데, 이 주장에 대해서는 이화학연구소도 지원을 하였고 신문에서는 "아인슈타인보다 위대한 과학자"라며 그를 칭송했다. 원소의 변환이 알려지게 된 시기라고는 하더라도 중세의 연금술사를 방불케 하는 그의 발언이 진지하게 여겨질 정도로, 그는 막강한 권위를 누리고 있었던 것이다.

일본이 과학 연구의 변방이었던 시절에 나가오카가 과학자로서 성공할 수 있었던 배경에는 물리학의 세계적인 동향에 민감하게 반응하고자 하는 그의 태도가 있었다고 할 수 있다. 세계의 과학자들과 경쟁하고자 했던 그는 물리학의 첨단 연구에 깊은 관심을 보이고 있었던 것이다. 한편으로 그는 이러한 최신 정보

를 일본에 적극적으로 소개했으며, 이런 그의 뒤를 이어 많은 일
본인 물리학자들이 성장해갔다. 이 책의 다른 주인공인 유카와
히데키도 그들 중 한 명이었다.

세계와의 경쟁

나가오카와 유카와의 만남

유카와 히데키가 나가오카 한타로를 처음 본 것은 그가 대학
에 들어간 해인 1926년 교토 대학에서 열린 강연회에서였다. 유
카와는 이때 접한 나가오카의 강연에서 큰 감명을 받았다고 회
고한 바 있다. 한편, 유카와가 1933년에 오사카 대학의 강사로
부임했을 때, 나가오카는 이 대학의 총장이었다.

하지만 이 두 과학자의 관계는 개인적인 인연보다는 물리학으
로 세계와 경쟁하고자 했던 두 사람의 태도로 바라보는 편이 더
좋지 않을까 싶다. 스스로 국제적인 명성을 얻었음에도 불구하
고 일본 과학계가 주변성을 벗어나지 못하고 있다는 불만을 품

고 있던 나가오카. 이러한 그가 1940년에 일본인으로는 처음으로 노벨상 후보로 추천한 과학자가 유카와였고, 결국 유카와는 1949년 이 상을 수상하게 된다. 나가오카는 추천장에 "이번에야 말로 처음으로 일본인을 추천할 수 있게 되었다. 게다가 충분히 자신감을 가지고 말이다"라고 썼다. 죽기 전에 세계에 우뚝 선 일본인 과학자의 모습을 보고 싶어하던 나가오카의 꿈은 그가 세상을 떠나기 1년 전, 유카와에 의해 실현되었다고 볼 수 있다.

하지만 나가오카와 유카와에게는 중요한 차이점이 있다. 나가 오카는 서구인 교수에게서 물리학을 배웠고 서구인이 아닌 자신 도 과학자가 될 수 있을지를 고민할 정도로 일본 과학의 주변성 이라는 문제에 짓눌려 있었던 반면, 유카와는 주변의 유학 권유 를 물리치고 일본에서 연구를 계 속할 정도로 그러한 주변성을 심 각하게 여기지 않았다. 즉, 일본 이 나가오카에게 제공할 수 있었 던 연구 환경과 유카와에게 제공 할 수 있었던 연구 환경은 그만큼 다른 것이었다고 할 수도 있다. 실제로 1910년대와 1920년대를 거치면서 일본 과학계는 자립을 위한 큰 변화를 겪었고, 이에 따라

일본인 최초로 노벨상을 수상한 유카와 히데키

1920년대 후반부터 연구자로서의 인생을 시작한 유카와는 나가오카에 비해 훨씬 유리한 환경에서 과학자의 길을 걸어갈 수 있었던 것이다.

이러한 두 사람 사이의 연속성과 차이점을 생각해가면서, 유카와가 어떠한 과정을 통해 국제적으로 인정받는 업적을 세울 수 있었는지 살펴보도록 하자.

유카와의 성장 과정

유카와 히데키는 1907년에 지질학자인 오가와 다쿠지小川琢治의 5남 2녀 중 3남으로 태어났다. 아버지와 아들의 성이 다른 것이 이상하게 여겨질지 모르겠지만, 일본에서는 남자라도 양자나 데릴사위가 되면 다른 가족이나 처가 쪽 성을 따르는 경우가 적지 않다. 유카와의 아버지인 오가와도 원래 성은 아사이淺井였고, 자신에게 유카와라는 성을 부여한 장인도 원래 성은 사카베坂部였다. 유명한 중국사 학자가 되는 둘째 형도 성이 가이즈카貝塚로 바뀌게 된다. 어떤 면에서 보면 유카와의 가족은 대체로 모계 혈족이라고 할 수 있다.

어쨌건 유카와는 무척 학구적인 가정에서 성장했다고 할 수 있다. 학자인 아버지는 무언가에 흥미를 가지면 그에 관한 책을 모으는 버릇이 있었고, 그 때문에 유카와의 집은 도서관처럼 책으로 가득 차 있었다. 한편으로 할아버지는 한학과 영어를 잘했고, 어머니도 영어를 잘했으며, 형과도 지적인 토론을 나눌 수 있었다.

유카와는 학교에 들어가기 전부터 할아버지에게 한자를 배웠다. 그는 자서전에서, 한자를 처음 배울 때는 그저 의미도 모르고 따라 읽는 데에 불과했지만 그때 키운 한자 실력이 나중에 책을 읽는 데 큰 도움이 되었다고 평가했다. 유카와는 어려서부터 문학과 철학을 좋아했고, 중국의 고전 중에서는 특히 《노자老子》와 《장자莊子》를 좋아했다고 한다. 한편, 수학도 좋아하고 곧잘 했는데, 그의 수학 실력은 중학교 시절 교장이 눈여겨볼 정도였다고 한다.

한편 유카와는 고집 세고 내성적이며 말수가 적은 성격이었다. 그래서 활발한 단체 활동에는 그다지 재미를 붙이지 못했고, 스스로를 '고독한 여행자'라고 표현할 정도로 친구를 사귀는 데도 재주가 없는 편이었다. 문학과 철학은 좋아하면서도 실제 주변에서 벌어지는 사회적인 문제에는 별로 관심이 없었다고 한다.

유카와가 자신 없어 한 또 하나의 분야는 '공작'과 같이 손으로 무언가를 만드는 일이었다. 어릴 때부터 배운 서예에는 어느 정도 자신이 있었지만, 그 밖에 손으로 하는 일에는 영 재주가 없었다고 한다. 과학자에게 손재주나 사회성이 무슨 중요한 문

제냐고 생각하는 독자가 있을지 모르겠지만, 유카와가 자신 없
던 이런 측면들이 이후 그의 연구 인생을 결정하는 데 하나의 역
할을 하게 된다.

혼돈의 학문, 물리학에 뛰어들다

어린 시절 유카와가 특히 좋아하고 관심을 보인 과목은 수학
이었고, 물리학에는 별다른 흥미를 못 느꼈다. 1922년 아인슈타
인이 일본을 방문해 전국이 열광의 도가니에 빠져 들고, 유카와
가 살던 교토에서 그의 강연이 열렸음에도 불구하고 그는 아인
슈타인에 대해 별 관심을 보이지 않았을 정도였다.

그러한 그가 수학자가 아닌 물리학자의 길을 걷게 된 데는 고
등학교 시절 수학 교사에게서 입은 정신적 상처가 주된 원인이
되었다고 전해진다. 수학에 늘 자신 있었던 그는 기말시험의 문
제를 제대로 잘 풀었다고 생각했는데, 성적 발표를 보니 그가 예
상했던 것보다 훨씬 낮은 점수가 나왔다. 이상하게 여긴 유카와
가 그 원인을 알아보았더니, 그 수학 교사는 자신이 가르친 증명
방법대로 문제를 풀지 않으면 점수를 주지 않는다는 것이었다.
수학적 논리 전개에서의 다양한 발상에 매력을 느껴서 수학을
좋아했던 그는 이런 씁쓸한 경험을 통해 수학에 대한 관심이 크

게 줄어들게 되었다고 회고했다.

한편, 유카와가 물리학에 관심을 가지게 된 것은 철학 책을 통해서였다. 어려서부터 철학에 관심이 있던 그는 철학자들의 저서를 탐독했는데, 그 책들 속에 '양자론'이라는 말이 자주 등장하곤 했던 것이다. 당시에는 물리학의 급격한 변화가 이루어진 시기였으므로 철학자들도 물리학 개념에 깊은 관심을 보이고 있었다. 철학자들의 관심이 유카와로 하여금 물리학에 관심을 갖게 한 매개체 역할을 했던 것이다.

특히, 유카와가 물리학에 끌리게 된 것은 당시 물리학이 급격한 변화 속에서 '혼돈' 상태에 있다고 느꼈기 때문이었다. 유카와는 엔지니어인 매형과의 대화에서 "새로운 물리학이 앞으로 어떻게 전개되어나갈지는 확실치 않습니다. 하지만 확실치 않기 때문에 재미있는 거죠"라고 이야기한 바 있는데, 유카와에게 잘 모른다는 것은 앞으로 새로운 것이 알려질 가능성이 있다는 것, 자신이 새로운 것을 알아낼 기회가 그만큼 더 크다는 것을 의미했다.

잘 정리된 지식을 배우기보다는 제대로 정리가 안 된 영역에서 새로운 것을 찾아내겠다는 유카와의 태도에서 우리는 나가오카가 과학 연구에 대해 보인 태도와 비슷한 면을 찾아낼 수 있다. 나가오카도 유카와도, 해결되지 않은 문제에 접함으로써 의욕을 느끼고 이 문제를 해결하기 위해 도전하고자 했던 것이다.

그리고 이 두 사람의 경우 그 경쟁 상대는 똑같이 세계의 과학자들이었다.

이론물리학의 길로

1926년에 교토 대학에 진학하게 된 유카와는 서구에서 발행되는 학술지를 읽어대기 시작했다. 아직 불확실한 점이 많은 새로운 분야를 이해하기 위해서는 최신 연구 동향과 성과들을 끊임없이 접할 수밖에 없었으며, 예전에 나온 교과서는 그에게 별 도움이 되지 못했다.

그해에 나가오카는 교토 대학에서 '물리학의 어제와 오늘'이라는 주제로 강연을 했다. 그때까지 막연하게 나가오카를 '일본에서 가장 훌륭한 과학자'라고만 생각하고 있던 유카와는 그 강연에서 "양자론이 나타난 뒤 20여 년 간 물리학은 커다란 변혁을 겪고 있다"는 나가오카의 말에 깊은 감명을 받았다고 회고한 바 있다. 바로 그 말에서 혼돈 상태에 있는 분야야말로 도전해볼 만한 가치가 있다고 강하게 느꼈던 것이리라.

이와 같이 최신의 연구 성과들을 직접 읽어가면서 공부하던 유카와는 대학 3학년에 올라가면서 자신의 지도 교수를 선택할 시점에 놓였다. 당시에는 3학년이 되면 연구실을 선택하고 거기서 졸업 연구를 해야 했다. 그런데 바로 여기서, 그동안 유카와 스스로가 가장 자신 없어 하던 능력들이 그의 진로에 영향을 주게 된다.

당시 유카와의 관심 분야와 가장 가까웠던 것은 분광학分光學을 전공으로 하는 기무라 교수의 연구실이었다. 그런데 손재주와 사교성에 자신이 없던 유카와는 스스로 '기무라 연구실에는 실격자'라고 평가했다.

기무라 교수의 연구실에서 연구하기 위해서는 필수적인 유리 세공 기술이 유카와에게는 커다란 장벽이었다. 스펙트럼 실험을 하려면 유리관을 실험 목적에 맞게 여러 가지 형태로 구부리거나 이어 붙이는 등의 작업을 해야 하는데, 손재주가 없다고 생각해 온 유카와로서는 그곳에서 제대로 연구를 해나갈 자신이 생기지 않았다. 게다가 실험을 하기 위해서는 도구나 장치 등을 조달하는 제조업자들과 자주 상담을 해야 하는데, 다른 사람과 대화하는 데도 자신이 없었기에 그에게는 이것도 큰 부담이었다. 과학자로서는 사소한 능력으로 보이는 손재주와 의사소통 능력이 유카와의 진로에는 커다란 영향을 주었던 것이다. 유카와 본인이 "손재주가 있었다면 이론물리학이 아니라 실험물리학을 했을지도 모른다"라고 이야기할 정도였다.

다른 한편으로, 유카와 본인은 그다지 관심이 없었다고 말했던 아인슈타인의 일본 방문이 그가 연구실을 정해야만 하는 시점에서 유카와의 선택에 영향을 주었을 가능성에 대해서 생각해 볼 수 있다. 아인슈타인이라는 과학자는 당시 '머리와 연필만 가지고 연구하는 천재'라는 이미지를 불러일으켰는데, 실험에 자신이 없던 유카와에게 이러한 아인슈타인이야말로 이론 연구자로서 자신감을 갖게 한 존재였을 수도 있다.

결국, 유카와는 자신이 탐구하고 싶던 분야와 관련이 깊은 기무라 교수의 연구실 대신 상대론의 전문가였던 다마키 교수의 연구실을 선택했다. 그런데 다마키 교수는 당시 혼돈스러운 상태에 있던 양자론에는 그다지 관심을 보이지 않았다. 연구의 주제, 즉 '무엇'을 연구할 것인가 하는 문제보다는 '어떻게' 연구할 것인가 하는 방법적인 문제가 유카와가 연구자로서 내딛는 첫걸음에 더 큰 영향을 주었다고 할 수 있다.

참고로, 실험과는 비교적 거리가 멀었던 유카와와 달리 나가오카는 실험 연구와 이론 연구를 모두 적극적으로 했는데, 본인이 더 좋아한 것이 어느 쪽인지는 분명하지 않다. 그는 대학에서 주로 실험을 배웠으며 초창기의 연구 결과는 실험 연구에 바탕을 둔 것이 많았지만, 젊은 시절에는 주로 이론 연구에 더 관심을 보였던 것 같다. 하지만 나가오카는 훗날 자신이 원자의 모형을 연구하게 된 경위에 대해 "그때는 실험할 만한 충분한 환경이 없었기 때문에 어쩔 수 없이 이론 연구를 한 것이다"라고 이야기하기도 했다. 러더퍼드가 실험 연구를 통해 원자핵이라는 덩어리의 존재를 '실감' 했다는 점을 감안한다면, 나가오카도 자신의 이론을 확인할 수 있는 수단을 갖고 싶었던 것인지도 모른다. 아니면 과학적 성취를 위해서는 연구를 위한 환경의 정비가 필요하다는 메시지를 사회에 던지고 싶었던 것일 수도 있다.

세계와의 경쟁, 시간과의 경쟁

유카와가 20세가 되던 1927년, 당시 일본 수학물리학회장이던 나카무라 세이지는 "선배 과학자들의 노력에 힘입어 일본의 과학도 서구를 모방하던 시대를 넘어서 비판적인 건설의 시대로 접어들었다"고 주장했다. 이는 일본의 과학이 주변성을 벗어나 자립하기 시작했다는 선언이었다. 하지만 일본에서 본격적인 양자역학의 연구가 시작된 것은 아니었다. 새로운 것을 찾아낸다는 의미의 '연구'라기보다는 서구 과학자들의 성과를 배우는 '공부'의 단계였다고 할 수 있다.

그러나 젊은 유카와는 이미 세계의 선구적인 과학자들에 대해 경쟁의식을 느끼고 있었다. 대학 재학 중이던 1928년에 폴 디랙 Paul A. M. Dirac, 1902~1984의 연구 성과를 접한 유카와는 이에 대해 "자극, 아니 충격이었다"고 고백하고 있으며, 자신과 비슷한 문제의식에서 연구 성과를 내던 페르미 Enrico Fermi, 1901~1954가 항상 자신보

⚛ 페르미

이탈리아의 물리학자. 원자 내부에서 일어나는 많은 현상을 명확히 하는 데 필요한 수학적 통계를 발전시켰고 1938년 중성자에 의한 인공방사능 연구의 업적으로 노벨 물리학상을 수상했다.

다 한발 앞서 있다는 사실에 초조해했다. 그런 그를 더욱더 긴장하게 만든 것은 당시 이론물리학의 진전에 기여하고 있던 대과학자들의 상당수가 20대 젊은이들이었다는 사실이다. 유카와가 22세가 되던 1929년에 하이젠베르크Werner K. Heisenberg, 1901~1976와 디랙이 일본을 방문했는데, 놀랍게도 그들은 유카와보다 단지 몇 살 위에 불과했던 것이다. 자신 있게 내세울 만한 연구 성과를 몇 년 이내에 선보여야 한다는 초조감이 그를 엄습했다.

1929년에 교토 대학을 졸업한 유카와는 급료가 없는 조수로 연구를 계속하게 되었다. 당시 그 연구실에는 대학원생을 받지 않는 관습이 있었기 때문이다. 유카와보다 42살 위인 나가오카도 대학원에 진학한 것을 생각하면 약간 이상하게 여겨질 수도 있겠다. 하지만 대학 3학년 단계에서 이미 개인 연구를 시작했다는 점에서 알 수 있듯 당시 일본에서는 대학을 졸업한 시점, 즉 '학사'가 된 단계에서 이미 연구자가 될 수 있는 자격을 얻은 것으로 평가되는 풍토였다.

대학을 졸업하고 결혼을 해서 이름이 '오가와 히데키'에서 '유카와 히데키'로 바뀐 후에도 유카와는 계속 초조해하는 가운데 연구를 지속했다. 그런데 이러한 초조함은 '세계를 하루빨리 따라잡으려는' 의식뿐만 아니라 '세계와 경쟁하려는' 의식의 산물이기도 했다. 한때 그의 아버지와 장인 사이에서 그를 유학 보내자는 이야기가 나온 적이 있었는데, 유카와는 이를 거부했다. 외국에 가려면, 적어도 자신이 뭔가 내세울 만한 성과를 낸 후 그것을 바탕으로 외국 과학자들과 토론하기 위해서 가겠다는 것이었다. 외국에서 한 수 배우겠다는 태도가 아니라 외국 학자들과 어깨를 나란히 하고 경쟁하겠다는 입장이었던 것이다.

이렇듯 유카와는 세계와의 경쟁을 하는 동시에 시간과의 경쟁을 해야만 했다. 유카와는 이에 대해 "내가 이론물리학의 제일선까지 다다르고자 열심히 노력하는 사이에도 새로운 양자론은 점점 발전하고 있었다. '양자역학'이라는 이름으로 새롭게 정리된 이론 체계가 점차 완성되어가고 있었던 것이다. 이런 사실이 내 마음을 적잖이 초조하게 만들었다"라고 표현했다. 그가 '혼돈'에 매력을 느껴 선택하게 된 것이 바로 이 분야였다. 그러므로 이 분야가 완성된다는 것은 자신이 무언가를 새롭게 알아낼 기회가 줄어든다는 것, 그리고 스스로 양자역학이라는 새로운 물리학을 선택한 의미가 그만큼 줄어든다는 것을 의미하지 않았을까?

과학 연구란 먼저 성과를 낸 사람에게 명예가 돌아가는 법이다. 유카와는 빠른 시일 내에 자신의 연구 성과를 내놓아야만 했다. 제일선이 된다는 것은 세계 과학계에 공헌한다는 것이다. 하지만 이러한 공헌도 먼저 도달한 사람에게만 인정되는 것이고, 이런 의미에서는 서구의 유명한 과학자들도 그와 똑같은 처지에서 경쟁하는 셈이었다. 유카와는 자신이 일본인이라고 해서, 일본에 있다고 해서 '주변성'이라는 짐을 짊어지고 있다고는 느끼지 않았다고 할 수 있겠다.

원자핵 들여다보기

유카와에게 노벨상을 안겨준 '중간자meson'는 원자핵 내부에 있는 소립자 중 하나다. 그런데 원자핵이란 바로 나가오카가 예측한 원자 내부의 '토성'이라는 점을 생각해본다면, 유카와는 나가오카의 토성 내부를 연구함으로써 큰 과학적 성취를 이룬 것이라고 할 수 있다. 나가오카와 유카와의 사이를 잇는 연속성의 한 단면이라고 할 수 있겠다.

유카와는 대학을 졸업할 무렵부터 원자핵의 내부 구조에 대해 관심을 가지고 있었다. 러더퍼드의 연구 성과 이후 원자핵에 관한 지식은 계속해서 늘어났지만, 당시까지 원자핵 연구는 물리학 연구의 주류였다고 하기는 힘들다. 그 내부 구조가 워낙 알기 힘든 것이라서 과학자들이 좀처럼 손대기 어려운 대상이었기 때문이다. 유카와는 이 문제를 해결하는 데 도전하고자 했지만, 쉽게 해답이 나오는 문제는 아니었다.

그런데 1932년 그런 유카와를 더욱 초조하게 만드는 일이 생겼다. 미지의 세계에 가까웠던 원자핵의 내부가 조금씩 드러나기 시작한 것이다. 그해에 원자핵 내부에는 양전하를 띤 양성자proton뿐만 아니라 전기적으로 중성인 중성자neutron도 존재한다는 것이 알려지게 되었고, 전자와 질량은 같지만 전기적으로는 그와 반대로 양전하를 띤 양전자 positron의 존재도 알려졌다. 또한, 소립자를 인공적으로 가속시켜 원자핵을 파괴할 수 있는 가속기가 제작된 것도 1932년의 일이었다. 그때까지 좀처럼 손대기 힘든 영역이었던 원자핵이 점점 더 연구 가능한 영역으로 바뀌어가고 있었던 것이다.

하지만 여전히 풀기 어려운 중요한 문제가 남아 있었다. 왜 원자핵은 깨지지 않는가 하는 점이었다. 원자핵 내부에는 양의 전기를 띤 양성자와 전기적으로 중성인 중성자가 존재한다. 그렇다면 원자핵 내부에는 전기적으로 음성인 입자가 없다는 이야기인데, 이것은 그 내부에 전기적으로는 반발력만 존재하고 서로 끌어당기는 힘은 존재하지 않는다는 것을 의미한다. 그럼에도 불구하고 실제 원자핵은 뿔뿔이 흩어지지 않고 강하게 결합되어 있다. 도대체 원자핵은 그 반발력을 어떻게 해결하고 있는 것일까?

원자핵 내부에서 그것을 결합시키는 힘, 즉 '핵력'은 점차 물

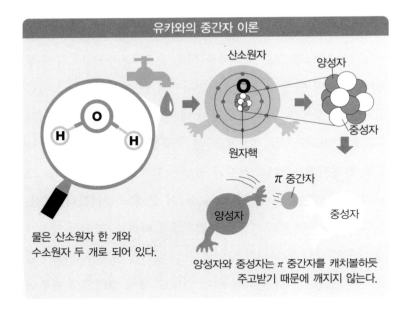

유카와의 중간자 이론

산소원자

양성자

O

중성자

원자핵

물은 산소원자 한 개와
수소원자 두 개로 되어 있다.

π 중간자

양성자

중성자

양성자와 중성자는 π 중간자를 캐치볼하듯
주고받기 때문에 깨지지 않는다.

리학의 중요한 문제 중 하나로 인식되었고, 1933년 10월 벨기에
의 브뤼셀에서 열린 제7차 솔베이 물리학회의에서는 이 핵력의
근원이 무엇인가를 해명하는 것이 물리학의 중요한 문제로 제기
되었다.

양자역학의 입장에서 보자면, 이는 핵력을 매개하는 어떤 입자
가 존재한다는 것을 의미하는 것이었다. 즉 그러한 역할을 하는
새로운 입자를 도입하면 핵력을 이론적으로 설명할 수 있게 되는
것이다. 하지만 그것은 결코 간단한 일이 아니었다. 그런 것이 존
재하는지에 대해 아무도 관측한 적이 없는 물질을 도입하는 것은
있지도 않은 걸 가정하는 셈이 될 수도 있기 때문이다.

하지만 유카와는 '존재하지 않는 것'을 '존재하는 것'으로 가정하기에 이르렀다. 즉 원자핵을 구성하고 있는 양성자와 중성자는 아직 알려지지 않은 어떤 입자를 서로 주고받음으로써 결합되어 있으리라고 가정한 것이었다. 한편 이론적인 계산을 통해 그 미지의 입자가 지니는 질량은 140MeV 정도 되리라고 예상되었는데, 전자가 0.5MeV, 양성자나 중성자가 938MeV 정도이므로 그 중간의 질량을 지닌다는 의미에서 이 입자는 '중간자'라고 불리게 되었다(MeV는 '메가전자볼트'로 읽고 100만을 의미한다).

유카와는 이 결과를 1934년에 열린 일본 내의 학회에서 발표했고, 이듬해에는 이러한 내용을 담은 논문을 영문으로 출판했다.

그러나 이러한 유카와의 주장은 처음에는 큰 반향을 얻지 못했다. 지금까지의 물리학적 상식과 맞지 않았고 물리 철학의 사고를 흔드는 대담한 이론이었기 때문이었다.

유카와는 1937년에 덴마크의 물리학자 보어[●] Niels H. D. Bohr, 1885~1962가 일본을 방문했을 때 자신의 '새로운 입자'에 대해 이야기했지만, 보어로부터 "당신은 그렇게도 미지의 입자를 좋아하나요?"라는 핀잔을 들어야 했을 정도였다. 유카와의 이론이 인정받기 위해서는

🔬 보어

덴마크의 물리학자. 양자론을 원자구조와 분자구조에 최초로 적용했다. 거의 반세기 동안 양자물리학을 이끌어온 인물로서 1922년 노벨 물리학상을 받았다.

그가 존재하는 것으로 가정한 입자가 실험이나 관측에 의해 실증될 때까지 기다려야만 했다.

유카와의 중간자 이론이 주목을 받게 된 것은 그의 논문이 나온 뒤 2년 정도 지나서였다. 1936년부터 1937년에 걸쳐서 미국 캘리포니아 공과대학의 앤더슨Carl D. Anderson, 1905~1991과 네더마이어 Seth H. Neddermeyer, 1907~ 는 새로운 입자의 발견을 보고했는데, 그들은 자신들이 관측을 통해 발견한 입자가 유카와가 이론적으로 그 존재를 예측한 중간자로 해석될 수 있다고 주장한 것이다.

앤더슨과 네더마이어가 새로 발견한 입자는 그 질량이 전자의 약 200배였으며, 이는 유카와가 예측한 중간자의 성질과 상당히 유사한 수치였다. 이렇듯 새로운 관측 결과가 나옴으로써 유카와가 '있는 것으로 가정한' 입자는 실제로 존재하는 것으로 받아들여졌고, 그의 이론은 세계적으로 주목받기 시작했다. 1930년대 말부터 드디어 유카와는 국제적으로 이름을 알리기 시작했던 것이다.

뒤에서도 이야기하겠지만, 그 이후 유카와가 예측한 입자와 앤더슨 등이 발견한 입자는 여러 면에서 차이점이 밝혀지게 되며, 이에 따라 중간자는 여러 종류로 분류되게 된다.

과학 연구에는 유연한 사고가 필요하다

유카와는 1934년부터 1935년에 걸쳐 발표한 연구 업적을 인정받아 결국 1949년 노벨 물리학상을 수상하게 되었다. 이러한 성과에 이르기까지 유카와의 연구 과정은 과학 연구에서 유연한 사고가 지니는 의미를 말해주는 대목으로 생각해볼 수 있다. 유카와는 아무도 그 존재를 확인한 적이 없는 소립자를 상상했고, 이미 경험적으로 확인된 입자만을 가지고 핵력을 설명해야 한다는 고정관념에서 벗어남으로써 커다란 과학적 성취를 이룰 수 있었던 것이다. '중간자'라는 입자가 존재한다는 가정을 통해 문제에 접근해갈 무렵 유카와 스스로 "하나의 사고방식만이 절대적으로 옳다는 집착에서 벗어나고 있었다"고 회고하고 있다.

흔히들 논리적 사고의 중요성을 이야기한다. 논리는 어떤 주장의 정당성을 평가하는 데 중요한 기준이 되며, 제대로 된 토론을 위해서는 반드시 필요한 도구다. 그러나 논리적이라는 것은 잘못된 추론을 막는 방법이기는 하지만, 새로운 것을 발견하는 도구라고는 하기 힘들다. 즉 잘못을 방지할 수는 있지만, 그것만 가지고 획기적인 발견을 이루어내기는 어려운 것이다.

유카와의 중간자 이론에는 비약이 있었다고 할 수 있다. 경험적으로 존재하지 않는 것의 존재를 대담하게 주장했던 것이다. 유카와 자신도 "역시 수학자가 되지 않은 것은 잘한 일이라고 생각한다. 나는 어디까지나 사고가 비약하는 데서 가장 큰 기쁨을 발견하는 사람이었다. 물 샐 틈 없는 논리로 문제를 좁혀 들어가는 방법은 나의 기본적인 관심사가 아니었다"고 이야기하는데, 그 비약의 폭만큼 다른 연구자들과 차이를 벌릴 수 있었는지도 모른다.

하지만 상상력이나 유연한 사고, 사고의 비약이 의미를 지니기 위해서는 그 근거가 될 만한 지식과 데이터, 그리고 이를 얻어내고 조직화하기 위한 노력과 고민이 필요하다는 것은 말할 필요도 없다. 상상력이나 논리적 비약만으로 얻어진 결론은 획기적인 발견이기보다는 혼자만의 공상이나 억측이 될 가능성이 높기 때문이다.

일본의
소립자 물리학자들

1937년, 미국의 과학자들에 의해 유카와가 예측한 것과 비슷한 성질을 지닌 입자가 존재한다는 것이 보고됨으로써 유카와의 이론은 세계적으로 주목받게 되었다. 하지만 이로써 모든 문제가 해결된 것은 아니었다. 유카와가 이론적으로 예측한 입자와 미국 과학자들이 발견한 입자 사이에는 유사함과 동시에 여러 가지 중요한 차이가 있었던 것이다.

유카와는 스스로를 '고독한 여행자'라고 표현하고 있지만, 그의 이론에서 드러난 난점들은 고독한 개인이 아닌 과학자 집단의 노력을 통해 해결해나갔다. 이 시기 일본의 소립자 물리학은 유카와라는 한 사람의 특출한 과학자가 아니라, 능력을 갖춘 과학자 집단을 보유하고 있었다.

유학 경험이 없는 유카와

연구자로서의 경력에서 나타나는 유카와와 나가오카의 차이점 중 하나는 유카와에게는 유학 경험이 없다는 것이다. 나가오카는 28세였던 1893년부터 3년간 독일과 오스트리아에서 유학을 했으며, 그 이후에도 자주 해외에 나가서 연구 동향을 파악하곤 했다. 반면 유카와는 아버지와 장인의 유학 권유를 거부했으며, 자신의 연구가 세계적으로 주목을 끌게 된 1939년에야 처음으로 해외로 나가게 되었다. "뭔가 내세울 만한 나의 연구 성과가 생긴 이후에 외국에 나가서 외국 과학자들과 논의를 하겠다"던 그의 말대로 된 것이다.

유카와가 유학을 하지 않아도 되었던 이유에 대해서는 그가 처음부터 거의 독학으로 공부했다는 점, 그리고 실험 장치에 의존하지 않는 이론 연구를 했다는 점 등에서 찾아볼 수 있다. 서구 과학자들의 연구 성과는 도서관에서 문헌을 섭렵함으로써 파악할 수 있었고, 간단한 계산은 집에서도 할 수 있었으며, 문제 해결을 위한 궁리는 산책 중에도 가능한 일이었다.

하지만 나가오카의 유학 목적이 수리물리학 연구에 있었다는 점, 그리고 유카와와 비슷하게 거의 독학으로 이론물리학을 공부한 라이벌 도모나가 신이치로 朝永振一郎, 1906~1979도 유학 경험이 있다는 점을 감안한다면, 유카와가 이론물리학자였다는 점이 그가 굳이 유학을 다녀오지 않았다는 사실을 모두 설명해줄 수는 없을 듯하다. 이론적인 면을 다루는 과학자들의 연구 과정에서도 출판되지 않은 사실이나 동료들과의 토론, 독특한 노하우가 중요한 성과로 이어지는 경우가 적지 않다. 이러한 점에서 연구 중심지에서의 경험과 일선 과학자들과의 인간적 접촉은 이론 과학자에게도 중요한 가치를 지니는 것이다.

유카와가 1939년에 교토 대학의 교수가 된 것은 유학을 다녀오지 않고도 교수로 임용된 드문 경우였다. 이는 일본의 과학이 여전히 서구에 대한 의존성을 지니고 있었다는 뜻이다. 하지만 그럼에도 불구하고 유카와가 유학 경험 없이 중요한 과학적 성취를 이룰 수 있었다는 사실은 당시 일본의 물리학계가 유카와에게 최소한의 필요한 연구 환경은 제공해주었다는 것을 의미한다. 즉 유카와의 연구 성과에 대해 토론하고 스스로의 이론을 발전시켜나갈 수 있는 연구자 집단이 당시 일본에 존

도모나가 신이치로

일본의 물리학자. 유카와 히데키 등과 함께 소립자론 그룹의 지도적 역할을 했다. 양자 전기역학을 특수 상대성 이론과 완전히 부합되게 바꾼 공로로 1965년 노벨 물리학상을 수상했다.

재했다는 것이다.

유카와는 일본에 있으면서도 하이젠베르크와 디랙, 보어 등 당시 새로운 물리학을 이끌어나가던 제일선의 과학자들을 만날 수 있었는데, 이는 보어와 함께 오랜 기간 동안 연구 생활을 했던 니시나 요시오仁科芳雄, 1890~1950의 노력으로 이루어진 일이었다. 니시나는 당대 최고의 과학자를 일본에 초청함으로써, 일본의 젊은 과학도들에게 최신 연구 동향을 접할 수 있는 기회를 제공했다.

니시나 그룹과의 만남

니시나는 덴마크의 코펜하겐에서 당시 물리학의 권위자였던 보어 밑에서 오랜 기간 연구를 수행해온 과학자였다. 그는 이러한 경험을 통해 세계의 연구 동향에 익숙해져 있었다. 니시나는 1929년에 일본으로 귀국한 후 1931년에는 이화학연구소에 자리 잡고 연구실을 꾸리게 되었는데, 이러한 니시나를 중심으로 한 연구 그룹은 당시 물리학의 중심이었던 유럽의 과학자들이 중요하게 생각하던 연구 과제를 스스로의 연구 과제와 일치시키고 있었다.

니시나의 연구실에서는 우주로부터 지구로 쏟아져 들어오는 우주선 宇宙線을 관측했고, 사이클로트론cyclotron(이온 가속 장치의 하나) 등의 가속기를 제작해 소립자와 관련된 실험을 했으며, 이와 동시에 이론적인 연구도 병행했다. 이렇듯 니시나 연구실에서는 많은 젊은 과학자들이 당시 최첨단의 연구 과제에 도전하고 있었는데, 학벌에 치우치지 않은 연구자의 다양성과 지위에 좌우되지 않는 자유로운 토론 풍토도 이 연구실의 중요한 특징으로 평가된다.

유카와가 니시나의 연구 그룹에 직접 속해 있었던 멤버 중 하나였다고 말하기는 힘들다. 하지만 미국의 과학자들이 중간자로 여겨지는 입자를 발견한 것이 우주선 속에서였다는 점에서도 알 수 있듯, 니시나 그룹이 하던 우주선 연구는 유카와의 중간자와도 밀접한 관련을 지닌 것이었다. 또한 유카와의 라이벌이자 동료이기도 한 도모나가 신이치로는 1932년부터 이화학연구소로 자리를 옮겨 니시나 그룹의 일원으로서 활동하고 있었다. 즉 '고독한 여행자'라고 스스로를 평가한 유카와가 일본에서 연구를 수행할 수 있었던 배경에는 이러한 연구 그룹의 존재가 뒷받침되었다고 할 수 있다.

이화학연구소를 중심으로

🔺 우주선

우주에서 끊임없이 지구로 내려오는 매우 높은 에너지의 입자선을 통틀어 이르는 말. 우주에서 직접 날아오는 양성자 및 중간자를 1차 우주선, 대기 속에 있는 분자와 충돌해 2차적으로 생긴 음전자와 양전자를 2차 우주선이라고 한다.

한 니시나의 연구 그룹은 비록 서구에 비해 과학 연구의 주변부인 일본에 자리잡고 있었다고는 할지언정 상당 부분 중심부에 근접해 있었다. 앞에서 이야기했듯이 이들의 문제의식은 당시 최첨단의 연구 과제로, 서구의 연구 과제와 일치하고 있었을 뿐만 아니라 이러한 문제를 해결하기 위한 방법 면에서도 발빠르게 움직이고 있었다. 어떤 측면에서는, 아직 중심에 진입하지는 못하고 있었다는 점이 이러한 발빠른 움직임에 도움을 줄 수 있었는지도 모른다.

소립자들을 회전 운동 하게 해 더욱더 가속도를 높여가는 실험 장치인 사이클로트론은 1930년에 미국의 로런스Ernest Lawrence, 1901~1958 등이 개발했는데, 이를 미국 밖에서 처음으로 건설하고자 한 것은 물리학의 중심인 유럽이 아니라 변방으로 여겨져온 일본이었다. 연구의 프런티어, 즉 '확립되기 전'의 연구 방법에 대해서는 오히려 중심지인 유럽의 과학자들보다 일본의 연구자들이 더 민감하게 반응했다고도 할 수 있다.

이렇듯 니시나 그룹은 세계 첨단의 연구 과제와 방법에 적극적으로 반응하고 있었는데, 이 그룹의 멤버였다고는 하기 힘든 유카와도 니시나로부터 여러모로 도움을 받을 수 있었다.

유카와는 1931년 교토 대학에서 있었던 니시나의 강연을 계기로 그와 친분을 맺게 되었는데, 다른 과학자들이 유카와의 이론에 그다지 관심을 보이지 않았을 때도 니시나는 흥미를 보이면서 중요한 지적을 하곤 했다. 특히 중간자 이론을 발표하기 이전인 1933년 4월에 유카와는 학회에서 '원자핵 내부의 전자에 대하여'라는 제목으로 연구 발표를 했는데, 니시나가 이 발표에 대해 했던 논평은 유카와의 이론을 발전시켜나가는 데 도움을 준 것으로 평가되고 있다.

하지만 유카와가 니시나로부터 받은 도움이 이런 개인적인 측면에 국한된 것은 아니었다. 니시나는 앞에서도 이야기한 바와 같이, 1929년에 귀국한 후 서구 최고의 학자들을 일본으로 초청하여 젊은 과학자들로 하여금 자극을 받게 하는 역할을 했는데, 유카와도 그런 자극을 받은 젊은 과학자 중 한 명이었다.

또한, 니시나의 활동에 자극을 받은 일본의 다른 젊은 과학자들은 토론을 통해 유카와의 이론을 더욱 발전시켜나가는 과정에서 무척 중요한 존재였다. 중간자로 여겨지는 입자가 발견되었음에도 불구하고, 그가 이론적으로 도출해낸 입자의 성질과 미국의 과학자들이 관측한 입자의 성질 사이에는 중요한 불일치가 존재했다. 그런데 이러한 난점이 이후 일본인 동료 과학자들과의 토론 과정에서 해결되어갔던 것이다.

이렇듯 유학 경험이 없는 유카와가 일본에 머물러 있으면서도 스스로의 이론을 발전시켜가며 세계적으로 인정받을 수 있었던 데는 당시 일본에 존재하던 젊은 연구자들의 역량, 특히 니시나를 중심으로 한 연구 그룹의 역할이 중요했다. 다양한 지식과 경

힘을 지닌 과학자들이 다양한 연구 방법을 구사해가면서 조직적으로 최첨단의 연구 과제에 도전했던 이 연구 그룹의 존재야말로, 유카와의 이론을 한층 더 발전된 형태로 만들어나가는 역할을 담당했다고 할 수 있다.

토론을 통한 중간자 이론의 발전

원래는 1929년에 하이젠베르크 등과 함께 일본을 방문할 예정이었던 보어는 여러 사정 때문에 결국 1937년에야 일본을 방문할 수 있었는데, 그 8년 사이에 일본에서는 유카와의 중간자 이론이 발표되는 등 소립자 연구에서 커다란 진전이 있었다. 하지만 유카와의 새로운 입자에 대한 보어의 반응은 회의적인 것이었다.

사실, 중간자로 여겨지는 입자가 경험적으로 확인된 이후에도 유카와의 이론에는 여러 가지 중요한 문제점이 남아 있었다. 유카와의 계산에 따르면 중간자의 수명은 100만분의 1~2초여야 했는데, 경험적으로 발견된 입자의 수명은 이보다 100배 정도나 짧았던 것이다. 또한 우주에서 날아들어 오는 우주선의 입자는 유카와의 예측대로라면 지면까지 도달하기 힘들었는데도 불구하고, 실제로 그 입자로 여겨지는 것이 지면 가까이에서 관측되었다는 사실은 해결이 필요한 중요한 문제점으로 지적되었다.

이러한 난점을 해결하기 위해 등장한 것이 니시나 그룹을 매개로 이루어진 중간자 이론에 관한 토론회였다. 1937년 10월에 니시나는 도쿄에서 토론회를 개최했는데, 여기에는 사카다 쇼이치坂田昌一, 1911~1970, 다케타니 미쓰오武谷三男, 1910~ 2000, 고바야시 미노루小林稔, 1908~2001 등 니시나를 통해 새로운 물리학에 관심을 갖게 된 젊은 과학자들이 포함되어 있었다. 유카와 개인의 노력으로 완성된 중간자 이론은 이후 연구자 그룹의 노력을 통해 다듬어져갔다.

이 토론회에서 나온 제안은 유카와가 계산한 이론적인 수치와 미국 과학자들이 관측한 경험적인 수치 사이의 불일치를 해결하고자 하는 것이었다. 즉 중간자에는 두 종류가 존재하는데, 하나는 유카와가 예측한 중간자이고 다른 하나는 앤더슨 등 미국의 과학자들이 관측한 중간자라는 것이었다.

중간자에 대한 토론에 참가했던 과학자들은, 수명이 100만분의 1~2초 정도인 유카와의 중간자를 '무거운 중간자'로, 그리고 우주선에서 발견된 중간자를 '가벼운 중간자'로 구별함으로써 곤란한 문제를 해결하고자 했던 것이다. 하지만 유카와가 중간자라는 입자의 존재를 가정했을 때와 마찬가지로, 이는 경험적인 사실을 이론적인 가정을 통해 해결하고자 한다는 점에서 무척 대담한 것이었다. 하지만 결국 제2차 세계대전이 끝난 이후인 1947년에 영국의 파월 Cecil F. Powell, 1903~1969 등에 의해 '가벼운 중간자'의 존재가 경험적으로 확인되었고, 2년 뒤인 1949년에는 유카와가 중간자의 존재를 예측한 공로를 인정받아 노벨 물리학상을 수상하게 되었다.

한편, 일본인의 노벨상 수상을 열망하면서도 계속해서 일본인이 아닌 외국인을 후보로 추천해오던 나가오카가 유카와를 처음으로 추천한 것은 1939년, 즉 1940년도 수상자 후보로서였다. 이 추천장에서 나가오카는 이번에야말로 처음으로 일본인을 자신 있게 추천할 수 있다는 뜻을 전달하고 있다. 이렇듯 유카와의 이론이 발전해가는 가운데, 유럽과 미국 등 과학 선진국들과 어깨를 나란히 하는 일본인 과학자를 보고 싶다고 하던 나가오카의 꿈이 조금씩 이루어져가고 있었다.

전쟁이 유카와의 연구에 끼친 영향

유카와가 예측한 입자의 존재가 경험적으로도 인정받기 시작한 것은 1937년 무렵의 일이었고, 유카와는 이에 따라 세계 과학계로부터 점차 주목받기 시작했다. 유카와의 활동 무대가 바야흐로 세계로 펼쳐질 참이었다. 하지만 당시 세계는 전쟁의 분위기에 물들어가고 있었고, 이러한 상황은 유카와 인생의 궤적을 바꿔놓게 된다.

"세계의 과학자들에게 자신 있게 내놓을 만한 연구 성과가 나오기 전까지는 외국에 가지 않겠다"고 하던 유카와가 태어나서 처음으로 외국을 방문하게 된 것은 그가 이야기하던 대로 그의 업적이 세계로부터 주목받고 있던 1939년이었다. 그해에 개최될 예정이었던 솔베이 물리학회의의 주제는 '소립자와 그 상호작용'이었는데, 유카와도 여기에 초대되어 그해 초여름 일본의 고베 항을 출발하게 된 것이다.

유카와는 생애 최초의 이 해외 여행에서 서구의 과학자들과 활발한 토론이 이루어질 것을 기대했을 뿐만 아니라, 독일을 비롯한 유럽 각국의 대학 연구실을 방문해 그들이 일상적으로 연구하는 공간을 실감하기를 기대하고 있었다. 하지만 유카와가 유럽을 방문한 시기는 마침 여름 휴가 기간이었던 탓에 그가 기대했던 서구 과학자들과의 교류는 거의 이루어지지 못했다. 게다가 나치 Nazis의 움직임은 그로 하여금 점점 짙어지고 있던 전쟁 분위기를 느끼게 했다.

유카와가 베를린의 한 호텔에 묵고 있던 중 대사관에서 급박한 연락이 날아왔다. 분위기가 심상치 않으니 빨리 피신하라는 것이었다. 유카와는 일단 함부르크에 정박한 배 위에서 상황이 어떻게 변하는지 지켜볼 생각이었으나, 결국 전쟁이 벌어지고 만 것이다. 이로 인해 유카와는 유럽에서 별 성과도 거두지 못한 채 귀국길로 접어들 수밖에 없었다.

유럽에서 발발한 전쟁은 유카와의 국제교류 상대를 유럽의 과학자에서 미국에 있던 과학자로 바꿔놓았다. 생애 첫 해외 여행에서 기대한 성과를 거두지 못한 유카와는 미국 뉴욕으로 갔다. 당시 미국에는 나치의 박해를 피해 유럽을 떠나 미국으로 망명한 유명 과학자들이 적지 않았다. 유카와는 미국 동부의 컬럼비아 대학에서 페르미와, 프린스턴 대학에서는 아인슈타인과 만나 이야기를 나눌 수 있었다. 또한 서부로 이동해 캘리포니아 대학을 방문했을 때는 오펜하이머John R. Oppenheimer, 1904~ 1967나 로런스 등 미국의 과학자들과 연구에 관해 토론할 기회를 얻을 수 있었다.

이렇듯 전쟁은 유카와의 첫 해외 여행의 모습을 바꿔놓은 동시에 연구 자체의 성격에 영향을 끼치는 것이기도 했다. 1941년에 일본이 미국의 진주만을 공격함으로써 전쟁은 태평양 지역으로 확대되었고, 전쟁을 일으킨 일본은 미국과 전면전에 돌입했다.

전쟁의 확대는 해외로부터 들어오는 과학 연구 정보가 끊긴다는 것을 의미했는데, 이는 특히 사이클로트론의 제작과 관련된 미국의 노하우 전수가 불가능해진다는 것을 뜻했다. 유카와는 이에 대해 "실험을 할 수 없는 시기야말로 이론 연구를 발전시켜야 하는 시기"라는 주장을 폈으며, 실제로 전쟁 기간 중에 중간자에 대한 이론적인 토론이 활발하게 이루어졌다.

전쟁과 과학

그런데, 전쟁 상황에서 과학자가 처해 있던 위치에 대해서는 좀더 조심스럽게 살펴볼 필요가 있다. 과학자 개인의 입장에서 볼 때 전쟁이란 자유로운 연구를 억압하는 상황으로 여겨질 수도 있고, 외국과의 연구 교류가 끊기는 불편한 상황으로 인식될 수도 있다. 하지만 다른 한편으로 과학이란 군사 기술과 무관한 것은 아니다. 특히 원자폭탄은 물리학자의 공책 안에 들어 있던 에너지가 세상 밖으로 뛰어나와 전쟁의 양상에 커다란 영향을 준 경우가 아닌가?

실제로 제1차 세계대전 이후 과학과 전쟁은 점점 더 밀접한 관련을 맺어갔고 과학자는 전쟁 중 국가에 의해 동원되었다. 물론 이러한 점에서는 군국주의화되어가던 일본도 예외는 아니었다. 1931년에 만주사변을 일으키면서 전선을 확대해가던 일본은 이듬해인 1932년에는 연구를 지원하는 단체인 일본학술진흥회를 설립했다. 여기에서 지원받은 분야는 주로 군사기술과 관련된 것이 많았다. 즉 무기를 비롯한 통신기술, 금속기술 등 전쟁과 관련된 기술 분야, 석유나 석탄 같이 전쟁을 장기적으로 수행하기 위해 필요한 물자에 관한 분야, '국가 영양표준' 같이 전쟁을 수행하는 인적 자원과 관련된 분야 등이 집중적으로 지원받은 것이다. 그런데 한편으로 일본학술진흥회는 우주선이나 원자핵 분야에 대해서도 집중적인 지원을 했는데, 이는 당시 일본이 이 분야를 전쟁과 관련해서 인식하고 있었다는 것을 의미하는 것일지도 모른다.

아직 자세한 사실관계는 밝혀져 있지 않지만, 일본의 일부 과학자들이 전쟁 기간 중 원자와 관련된 무기 개발에 관련되어 있었으리라는 흔적은 남아 있다. 니시나는 자신의 이름 첫 글자를 딴 '니호 연구'라는 비밀 연구의 책임자로 이름이 올라가 있고, 교토 대학의 물리학자 아라카쓰 분사쿠荒勝文策도 'F호 연구'라는 이름의 비밀 연구 책임자였다. 또한 이화학연구소에는 '핵물리 응용연구회'라는 단체가 조직되어 있었으며, 핵분열을 일으키는 것으로 알려진 우라늄을 찾기 위해 일부 화학자들이 당시 일본이 지배하던 영역을 뒤진 흔적도 있다.

전시 체제에서 과학자들 역시 전쟁에 동원되고 있었던 것이다. 물론 그렇다고 해서 모든 과학자들이 다 적극적으로 군사 연구에 참가한 것은 아니었고, 일부 과학자는 정치적인 이유로 체포되어 감옥에 갇히기도 하였다. 과학자들도 결국 인간이라는 점을 생각한다면, 전쟁이라는 상황을 맞이해 그들이 여러 가지 다른 선택과 다른 행동을 했다고 해서 이상할 것은 없으리라. 역사적 사실에 대해서는 실제 근거를 바탕으로 정확하고 구체적으로 접근해갈 필요가 있다.

나가오카와 유카와의 유산

군사력의 원천이 된 과학과 기술

　제2차 세계대전은 과학기술이 군사력을 좌우하는 주요한 요인이 된다는 것을 명확하게 보여준 전쟁이었다. 항공기, 항공모함, 레이더 등으로 대표되는 제2차 세계대전은 과학기술이 적극적으로 동원된 전쟁이었고, 그 대표적인 상징물이 일본의 무조건 항복을 앞당겨 이끌어낸 원자폭탄이었다.

　원자폭탄이라는 새로운 무기는 이후 국가와 과학의 관계를 새롭게 편성하는 계기가 되었다. 과학기술의 엄청난 힘을 실감한 미국 정부는 주로 군을 통해 과학 연구 예산에 대한 지원을 엄청나게 늘려갔다. 냉전 시기 전반에 걸쳐서 군은 과학을 지원하는 주요한 매개체가 되었던 것이다.

　동전의 양면과도 같이, 일본에서는 종전 직후 미국에 패한 것이 과학기술의 힘이 부족했기 때문이었다는 인식이 널리 퍼져있었다. 일본은 전쟁을 승리로 이끈 미국 군사력의 배후에 있는 과학기술의 힘을 느낄 수밖에 없었고, 그 대표적인 상징인 원자폭탄이 투하된 곳도 바로 일본이었기 때문이다. 또한 일본을 점령, 통치하게 된 미국은 일본이 다시 군국주의화되는 것을 우려하면서 군사기술과 관련 깊은 분야의 연구를 금지시켰다. 승자에게나 패자에게나 과학기술이란 전쟁의 승패를 좌우할 만한 거대한 힘의 이미지로 각인되었던 것이다.

과학기술과 민주주의, 그리고 평화?

　그런데 이후 일본에서의 과학은 전쟁과는 범주가 다른 민주주의의 이미지, 그리고 전쟁과는 모순되는 평화의 이미지와도 결합되어갔다. 국가의 군사력을 좌우하는 과학이 어떻게 해서 동시에 민주주의 및 평화의 이미지와 결합할 수 있었던 것일까?

　일본이 무조건 항복을 선언한 1945년 8월 15일 밤, 일본 총리는 라디오 연설에서 "이번 전쟁에서의 최대의 약점이었던 과학기술의 진흥을 통해 새로운 일본을 건설해가야 한다"고 외쳤다.

그런데 패전 직후라는 상황을 생각해보면 이 발언은 좀 이상한 주장처럼 들리기도 한다. 과학기술의 진흥을 통해 이 전쟁에서의 최대 약점을 보완하겠다니, 다시 힘을 길러 미국과 겨뤄보겠다는 것인가? 그런데 이 연설을 조금 더 주의깊게 살펴보면 여기에는 '새로운 일본'을 건설해야 한다는 주장도 섞여 있음을 발견할 수 있다. 과학기술이라는 수단을 통해 이루고자 하는 목표는 '새로운 일본의 건설'이라는 것이었다. 그렇다면 그가 주장하는 '새로운 일본'이란 도대체 무엇을 의미하는 것이었을까? 과학기술에 대해서도 이를 정치적인 맥락에서 조심스럽게 곱씹어볼 필요가 있다는 점을 생각하게 해주는 대목이다.

미국의 힘을 실감한 이후, 그리고 미군을 비롯한 미국인과 접촉해가면서 일본에서는 미국적인 가치가 힘을 얻어갔다. 미국인들의 삶은 풍요롭고 자유로워 보였으며, 자신들을 누른 미국이야말로 일본이 갖추지 못한, 배워야 할 것들을 지니고 있는 것처럼 보였다. 전쟁 중에 '괴물'이라고 선전되었던 미국인은 이제 자신들에게 교훈을 주는 '선생'이 된 것이다.

이러한 미국적인 가치 중에서 눈에 띄는 것은 '과학'과 '민주주의'였다. 일본은 과학의 힘이 미국에 못 미쳐서 패할 수밖에 없었던 것으로 여겨졌다. 또한 일본의 정치가 민주적이지 않았기 때문에 그런 무모한 전쟁에 말려들 수밖에 없었다고도 생각했다. 실패한 일본에는 없고 성공한 미국에는 있는 것, 그것은 '과학'과 '민주주의'라는 개념으로 상징되었고, 어느새 그 두 개념의 이미지는 겹쳐지게 되었던 것은 아닐까? 게다가 이 시기에는 과학자들이 과학 연구의 민주화를 주장하기도 하였는데, 이러한 활동을 통해서도 과학과 민주주의의 이미지는 겹쳐져갔던 것일지도 모른다. '과학'과 '민주주의'라는, 범주를 달리하는 개념들의 의미가 접근할 수 있는 상황이었던 것이다.

만화가 데즈카 오사무手塚治蟲, 1928-1989의 널리 알려진 만화 〈우주소년 아톰鐵腕アトム〉 시리즈에는 이러한 과학과 민주주의의 결합이 엿보인다. '과학의 아들'인 아톰은 지구로 이주해오려고 하는 외계인과 이를 막으려고 하는 지구인들 사이에서 공평한 외교 교섭을 이끌기도 하고, 로봇을 노예처럼 부려먹고는 내팽개치는 인간들의 횡포에 저항하기도 한다. 즉 이기적이고 사악한 감정에 물들기 쉬운 인간에 비해 '과학'을 상징하는 아톰은 민주주의적인 사고를 갖춘 존재이며, 동시에 평화를 사랑하기도 하는 존재인 것이다.

그런데 조금 더 생각해보면 이상한 점이 발견된다. 과학을 상징하는 로봇의 이름 '아톰'은 원자라는 뜻으로, 이는 원자폭탄을 맞은 직후 일본에게 무시무시한 폭탄을 연상시키게 했다. 그런데도 과연 '아톰'이라는 이름이 '과학'과 '평화'라는 개념을 연결 짓는 데 적합한 것이었을까? 더군다나 아톰의 여동생으로 등장하는 로봇의 이름이 '우란(우라늄)'이라는 데는 더욱 놀라지 않을 수 없다. 우라늄이란, 바로 그 원자폭탄을 만드는 재료가 아니냐!

이렇듯, 어느 사이엔가 '원자'나 '우라늄'에는 히로시마와 나가사키를 잿더미로 만든 무시무시한 이미지와는 모순되는, 평화와 민주주의를 끌어안을 수 있는 밝은 색깔도 겹쳐져갔던 것이다. 원자폭탄의 무시무시한 힘을 알게 된 인류는 그 후 원자력의 평화적 이용을 모색하기는 하지만, 그 힘을 직접 경험한 일본에서도 이것이 과연 쉬운 일이었을까?

1949년에 발표된 유카와의 노벨상 수상 소식은 패전 이후 절망에 빠진 일본인들에게 새로운 희망을 심어준 뉴스였지만, 동시에 이는 평화로운 방법으로 과학을 통해 일본이 세계의 무대로 다시 나설 수 있다는 가능성을 상징하는 사건이기도 했다. "과학 전쟁에서 패했다"는 이야기를 들으면 과학의 진흥이란 것이 평화보다는 전쟁과 가까운 것처럼 들리기도 하지만, "노벨 물리학상을 수상했다"는 이야기 속에서는 과학과 평화가 모순되는 이유를 찾기 어렵다. 이러한 점에서 유카와는 패전 직후 강하게 자리잡고 있었던 '과학'과 '군사력' 사이의 이미지 연관성을 약화시키는 존재인 동시에, 패전 직후 행한 총리의 연설에서는 모호하고 심지어 수상하게 여겨질 수도 있는 형태로 남아 있던 '새로운 일본'을 상징하는 존재이기도 했던 게 아니었을까?

원자폭탄의 무시무시함을 경험한 과학자들은 이 시기에 평화

운동을 벌이게 된다. 1955년에는 러셀Bertrand Russell, 1872~1970과 아인슈타인이 '과학자의 평화 선언'을 했고 1957년부터는 이를 위한 과학자들의 정기적인 회의도 개최되었다. 유카와는 이러한 움직임에서 일본을 대표하기도 했다. 또한 그는 1954년에 비키니 제도에서의 수소폭탄 실험으로 인해 일본 어선이 피해를 입었을 때는 "이러한 위험으로부터 인류를 지키는 것이 과학자의 책임"이라고 주장했고, 1963년에는 그가 중심이 되어《평화의 시대를 창조하기 위하여 : 과학자는 호소한다 平和時代を創造するために―科學者は訴える》라는 책도 발간했다. 이렇듯 유카와는 평화와 모순되지 않는, 아니 평화로운 과학을 상징하는 존재이기도 했다.

유카와의 노벨상 수상

앞에서도 말했듯이 유카와가 노벨상을 수상한 것은 1949년이었지만, 나가오카는 이미 그를 1940년도 노벨물리학상 수상자로 추천했다. 노벨상을 수상하기 10년 전부터, 이미 유카와는 깐깐한 나가오카로부터 세계에 내놓을 만한 일본인 물리학자로 인정받고 있었던 것이다. 그런데 이때 유카와를 노벨상 후보로 추천한 사람은 일본인인 나가오카뿐만이 아니었다. 같은 해, 네덜란드의 물리학자 코스터르Dirk Coster, 1889~1950도 중간자의 존재를 예측한 유카와의 연구 업적을 평가하면서 그를 노벨상 후보로 추천했던 것이다. 1939년 솔베이 물리학회의에 유카와가 초대받았다는 점도 고려한다면, 1930년대 말에 이르러 유카와는 노벨상을 탈 만한 과학자로서 세계 과학계로부터 인정받기 시작했다고 할 수 있겠다.

이후 유럽, 그리고 전 세계가 전쟁에 빠져 들게 되지만, 그 가운데서도 유카와에 대한 노벨상 추천장은 이어진다. 특히 1943년과 1944년에는 1929년에 전자에 파동의 성질도 있다는 것을 발견한 것으로 유명한 프랑스의 루이 드브로이Louis de Broglie, 1892~1987가 유카와를 추천했으며, 거의 같은 시기에 루이의 형인 모리스 드브로이Maurice de Broglie, 1875~1960도 그를 추천했다. 당시 나치 치하에 있던 프랑스 과학자들이 유카와를 추천한 데는, 아마도 전쟁과 점령으로 인해 정보가 끊긴 상황에서 그들이 전쟁 전에 알고 있던 연구 성과 중에서 유카와의 이론이 가장 높이 평가받을 만한 것이라고 판단했기 때문일 것이다.

유카와는 1946년도 수상 후보자로 이론물리학자인 스위스 물리학회 회장인 벤첼Gregor Wentzel, 1898~1978에 의해, 그리고 1948년 수상자 후보로는 미국 시카고 대학의 샤인Marcel Schein, 1902~1960에 의해서도 추천되었다. 1940년대 전반에 걸쳐 유카와에 대한 추천이 이어졌던 것이다.

하지만 앞에서도 이야기했듯이 유카와의 이론에 등장하는 중간자와 실제로 관측된 중간자의 성질이 다르다는 문제점이 지적되고 있었다. 하지만 중간자에 관한 토론회가 이어지던 가운데 1941년 우주선에서 발견된 중간자와 핵력을 매개하는 중간자는 별개라는 제안이 등장하게 되었고, 1942년에는 사카타 쇼이치 등에 의해 제2중간자론이 발표되었다. 즉 두 종류의 서로 다른 중간자가 존재한다는 것이었다. 이러한 주장은, 전쟁이 끝난 이후 경험적으로 확인되어갔다. 사카타 등이 주장한 내용은 1947년에 영국의 파월이 했던 관측 결과와 일치하는 것이었고, 미국 캘리포니아 대학의 가속기에서는 인공적으로 중간자를 만들어내는 데 성공한 것이다.

1949년 유카와의 노벨상 수상이 전해졌을 때, 유카와는 패전국 일본의 국민적 영웅이 되었다. 그 직후 태어난 남자아이들의 경우 유카와 히데키의 이름을 따서 '히데키'라는 이름을 붙이는 경우가 부쩍 늘었다고 할 정도였다.

이후 '유카와 히데키'라는 이름은 일본의 과학을 대표하는 이름이 되었고, 이를 바탕으로 일본의 소립자 연구는 지속적인 발전을 이룩하게 된다. 유카와의 이름을 딴 기념관이 설립되었고, 1952년에는 교토 대학 부설로 '기초물리학연구소'가 설립되었다. 한편, 1950년에는 《요미우리신문讀賣新聞》의 후원으로 '요미우리 유카와 장학기금'이 탄생해 11년간 지속되었고, 이에 뒤이어 '소립자 장학회'가 설립되어 소립자를 연구하는 젊은 과학자들을 지원했다. 또한 1971년에는 '고에너지물리학연구소'가 설립되고 일본 쓰쿠바 시에 대규모의 입자가속기가 건설되는 등 점점 더 거대한 규모의 연구 시설과 막대한 자금을 요하는 이 분야에 대한 지원이 이어졌다. 2002년에 노벨상을 수상한 고시바 마사토시 小柴昌俊, 1926~ 의 연구도 이러한 맥락의 연장선 위에 있다고 하겠다. 21세기에 이르러서도 이 분야는 여전히 일본의 과학을 상징하는 것으로 여겨지고 있다.

노벨상의 부작용?

이렇듯 '유카와'라는 이름과 노벨상의 권위는 이후 일본의 과학을 떠받치는 하나의 커다란 이미지가 됐지만, 동시에 지나치게 많은 젊은이들을 소립자 분야로 모여들게 하는 부작용도 만들어냈다. 젊은 연구자를 위한 장학금을 마련하기 위해 동분서주하고 있던 한 물리학자에게 유카와는 "자네가 쓸데없는 일을 하는 바람에 젊은이들이 대학원을 마치고도 취직 자리가 없어 그 길을 포기하고 다른 분야로 옮겨 가는 게 1~2년 늦어지고 있는 것 아닌가. 그

고시바 마사토시

일본 입자물리학자. 중성미자(neutrino) 천문학의 창시자로 거대한 관측 시설을 설치하여 뉴트리노의 관측에 성공한 공로로 2002년 노벨 물리학상을 받았다.

낭 내버려 둬. 이론물리학 같은 건 많은 사람들이 할 만한 분야는 아니야"라고 타일렀다고 한다. 사실 현재 일본의 소립자 물리학은 박사학위를 받고도 일자리가 없는 고학력 실업자를 대량으로 배출하고 있는 대표적인 분야라고 할 수 있다. 유카와에 뒤이어 1965년에는 그의 라이벌이자 동료인 도모나가 신이치로도 노벨상을 수상하게 되자, 이 분야가 화려하게 비치면서 젊은이들이 수요 이상으로 모여든 것일지 모른다.

이러한 모습은 어떤 면에서 노벨상의 부작용이라고도 할 수 있다. 사실 모든 학문 분야는 골고루 다양하게 발전할 필요가 있는데, 노벨상의 화려함은 그런 중요한 균형을 깨뜨릴 위험이 있다. 그리고 다른 한편으로는 우수하고 성실한 젊은이를 청년 실업자로 전락시킴으로써 인적 자원의 배분에 악영향을 줄 우려마저 있는 것이다.

특히 이러한 부작용은 노벨상의 화려함이 민족주의와 결합함으로써 증폭된 것이라고도 할 수 있다. 노벨상 수상자를 더 많이 배출하고자 하는 경쟁은 어느 지역에서나 있는 것이지만, 특히 수상자가 드문 과학의 주변 지역에서는 노벨상 수상자를 배출하고자 하는 욕구가 지나치게 강할 수 있다. 따라서 이들 지역에서 노벨상 수상자들을 지나치게 국가적 영웅으로 떠받들게 될 경우, 가뜩이나 기반이 약한 그 나라의 과학 체계 전체, 즉 과학이나 과학자를 지원하는 자원 배분의 구조가 왜곡될 수 있다.

노벨상 수상 분야에 어떤 것이 포함되어 있는지 조금만 살펴봐도 알 수 있듯이 지구과학 분야에는 노벨상이 없으며, 수학의 경우에도 '수학의 노벨상'이라고 불리는 상은 있을지언정 실제로 수학은 노벨상과 관련이 없다. 노벨상은 원래 한 발명가가 유언을 통해 자신의 철학이나 인생관을 드러낸 것이라 할 수 있으며, 인류나 한 나라, 한 지역에 필요한 지식 분야 전부를 망라한 것은 아니다. 처음에는 그다지 권위가 없던 노벨상이 차차 권위를 획득해가는 과정에서 각국의 경쟁 대상이 됨으로써, 어느 사이엔가 이 상이야말로 인류 최대의 상, 혹은 인류 발전에 기여한 가장 위대한 사람들에게 부여되는 상이라는 이미지를 획득해왔지만, 사실 노벨상이 없는 분야가 중요하지 않은 것도, 노벨상을 수상하지 못한 과학자가 무능한 것도 결코 아니다. 현재는 지구온난화 같은 환경 문제나 쓰나미와 같은 재해를 다루는, 인류의 안전하고 건강한 삶에 무척이나 중요한 의미를 지니는 지구과학 분야도 노벨상 수상 목록에는 포함되어 있지 않다. 이것은 노벨이 유언을 남겼던 19세기 말에는 이 분야에 대한 주목도가 지금처럼 높지 않았다는 것을 의미할 뿐이다.

세계에 내세울 만한 일본인 과학자를 보고 싶어하던 나가오카의 꿈은 유카와에 의해 이루어졌다. 그러나 이 책의 첫 부분에서 이야기했듯이 '세계적인' 무언가를 요구한다는 것은 역설적으로 그 지역의 전반적인 수준이 세계적인 것에 못 미친다는 사실을 알려주는 것이라고 할 수 있다. 이 책에서 살펴본 바와 같이 그러한 나가오카의 희망은 일본의 과학이 서구에 비해 많이 뒤떨어져 있다는 열등감에서 비롯된 것이었다. 21세기가 되고 과학기술의 선진국임을 자부하는 일본에서 여전히 이러한 열망을 보인다는 것은 아직도 일본인들이 스스로의 과학 수준에 완전한 자신감을 지니고 있지 못하다는 점을 드러내는 대목이라고 하겠다. 나가오카의 열등감이 한편으로는 아직까지도 그 그림자를 드리우고 있다고도 할 수 있다.

일본 과학의 현주소

지금까지 일본의 과학이 주변부에서 중심부로 진입해가는 과정을 살펴보았는데, 21세기에 들어선 현재의 일본은 과학 연구에서도 중심적인 위치를 차지하고 있다고 할 수 있다. 하지만 다른 한편으로 최근 일본의 과학과 기술은 전환기를 맞이하고 있다. 1995년에 '과학기술기본법'이 제정되고 1996년부터 5년에 한 번씩 정부가 '과학기술기본계획'을 세우고 있다는 사실은 이러한 일본의 고민을 드러내고 있는 것이다.

그들의 고민 중 하나는 1990년대 이후 일본이 느끼게 된 위기감과 관련이 있다. 1980년대에 이르러 일본의 과학 수준은 세계 최고라고 불릴 정도의 단계까지 도달한 듯싶었지만, 1990년대에 들어서자 미국이 정보기술이나 생명공학 등을 중심으로 앞서 나가기 시작했고, 일본은 다시금 뒤처지는 모습을 발견하게 되었다. 이러한 위기감에서 일본은 스스로의 과학기술 체제에 대해서도 재점검하게 되었던 것이다.

이와 맞물려, 일각에서는 과학기술의 위기가 대두되기도 했다. 1990년을 전후해서, 이공계 출신자들이 제조업이 아닌 서비스업 등으로 진출하는 예가 늘고, 대학에서는 이공계 분야를 전공하려 들지 않으며, 초중등학교에서는 과학 과목을 기피하는 등 국가 전체의 과학기술 기반이 약화되고 있다는 우려의 목소리가 나타나게 되었던 것이다. 과학자나 기술자에 대한 대우가 부족하다는 반성의 목소리도 들리게 되었다.

하지만 동시에 다른 한편으로는 일본의 과학과 기술에 대한 반성을 촉구하는 목소리도 높아졌다. 1990년대 들어 원자력 발전소 사고나 로켓 발사의 실패 등이 연이어 발생해 크게 보도되었고, 이에 따라 일본 사회의 과학기술에 대한 신뢰가 점차 낮아져가고 있었던 것이다. 일본의 과학기술계는 이제 또다시 시민사회의 지지를 획득할 필요가 있다는 새로운 국면을 맞이하고 있다.

한편, 이러한 새로운 동향은 이 책의 주인공인 나가오카와 유카와가 다룬 '원자'라는 키워드를 통해 읽어볼 수 있다. 일본은 원자 내부의 에너지를 이용한 원자폭탄의 투하와 함께 전쟁에 패하게 되었지만, 그로부터 얼마 지나지 않아 원자 내부를 연구한 유카와가 일본인 최초로 노벨상을 수상함으로써 이후 원자는 새로운 의미에서 일본의 과학을 대표하는 상징물이 되어왔다.

원자를 의미하는 아톰이 만화 속에서 '과학의 아이'라는 이미지로 그려졌고, 석유가 나지 않는 나라 일본에서 원자력은 국가적인 과학 정책의 중심축에 놓여 있었다. 나가오카에서 유카와로 이어진 흐름이 전후 일본의 과학기술에도 명백히 나타나고 있었던 것이다. 하지만 이렇듯 최첨단의 과학과 기술을 상징해왔던 원자와 원자력의 이미지에 최근 들어 부정적인 색깔이 겹쳐지기 시작했고, 이는 과학기술 전체의 이미지에도 영향을 끼치게 되었다.

나가오카는 1950년에, 유카와는 1981년에 세상을 떠났지만 그들이 남긴 업적과 이미지는 일본 사회의 곳곳에 진한 자국을 남겼고, 이는 일본 사회의 맥락 속에서 항상 새롭게 의미를 부여받고 있다. 이 두 명의 과학자를, 그리고 일본의 과학과 사회를 우리의 눈을 통해 어떻게 이해할지 생각해보는 것은 이제 독자 여러분의 몫이다.

Chapter 3

長岡半太郎

대화

TALKING

湯川秀樹

야구와 과학,
변방에서 중심으로

제1회 '월드 베이스볼 클래식' 결승전에서 일본이 우승한 날, 나가오카는 기쁜 나머지 맥주나 한잔 하자며 유카와를 자기 집으로 불렀다. 유카와는 야구에는 별 관심이 없었을 뿐 아니라 온갖 강연회와 사인회 등에 불려 다니느라 정신이 없었지만, 존경하는 선생님이 부르시는 터라 시간을 내서 찾아갔다. 밤 10시가 넘은 시각, 유카와는 나가오카의 방문을 두드렸다.

(딩동)

|유카와| 선생님, 접니다.

|나가오카| 오, 유카와 군. 죽고 나서까지 바쁜 사람 불러서 미안하네. 어쨌든 오늘 저녁은 워낙 기뻐서 말이야, 자네하고 한잔하고 싶어서 불렀네. 혼자 마셔봐야 무슨 재미가 있나.

|유카와| 아, 그러셨군요. 불러주셔서 감사합니다. 그런데 사실 저는 요즘 하도 바빠서 야구가 어떻게 돌아가는지도 모르고 지냈습니다. 일본이 우승했다는 사실은 선생님께 전화를 받고서야 알았습니다. 세상이 호들갑스럽게 떠들어대는 일에 별 취미가 없기도 하고요.

|나가오카| 나, 원. 아무리 바빠도 그렇지 세상 돌아가는 일은 알아야 할 것 아닌가. 난 오늘 일본이 우승해서 정말로 통쾌하네. 자네가 노벨상 받은 뒤로 이렇게까지 기쁜 날은 처음이야.

|유카와| 쑥스럽게 별 말씀을 다 하시네요. 과학하고 야구하고 무슨 상관이 있나요.

|나가오카| 아니야. 이번에 야구 중계를 보면서 느낀 건데, 러더퍼드 선생이 원자핵을 발견한 것도 야구하고 비슷해. 포수 미트(포수용 글러브)를 보고 직구를 던지면 당연히 그대로 꽂힐 줄 알았는데, 이상하게도 간혹 공이 갑자기 옆으로 튕겨 나가거나 심지

어 공을 던진 투수 쪽으로 튀어나오곤 하는 거야. 그래서 자세히 조사해봤더니, 투수와 포수 사이에는 타자의 방망이가 존재하고 있었던 거지. 러더퍼드 선생이 찾아낸 원자핵이란 게, 사실 누구의 눈에도 보이지 않았던 타자의 방망이하고 마찬가지 아닌가. 러더퍼드 선생이 열심히 공을 던진 덕에 원자핵의 존재를 알아낸 거지.

|유카와| 아, 그렇군요. 그걸 선생님이 이론으로 예상하신 거고요. 그런데 과학자인 저로서는 흥미롭게 느껴지는 이야기입니다만, 다른 사람들도 과학이 야구하고 비슷하다고 느낄까요?

|나가오카| 과학하고 야구 사이에는 비슷한 점이 또 있어. 그게 원래는 다 외국에서 들어온 건데, 이제는 세계에서도 일본의 수준을 인정해주고 있지 않나. 난 말이야, 처음부터 일본이 언젠가는 다른 나라를 누르고 세계에 우뚝 설 날이 올 줄 알았어. 비록 외국에서 먼저 시작한 거라고는 하지만, 일본 사람이라고 못 하는 법이 어디 있나?

|유카와| 선생님 말씀을 듣고 보니 그것도 그렇군요. 저도 그래서 어릴 적부터 외국을 우러러보거나 하지는 않았고, 그들을 늘 경쟁 상대라고 생각했습니다. 과학이나 야구나, 결국 세계와 경쟁

하고 있다는 점에서는 비슷하네요.

|나가오카| 그렇지. 그런 면에서는 자네가 나보다 한 수 위일세. 나야 젊었을 때부터 외국에 나가서 공부를 하면서 뒤떨어진 과학을 따라잡아야 한다는 마음에 이를 악물었지만, 자네는 유학도 가지 않고 일본에서만 연구를 하면서 노벨상까지 탄 것 아닌가.

|유카와| 부끄럽게 무슨 그런 말씀을 하십니까? 저도 항상 외국 과학자들한테 밀릴지 모른다는 초조함에 마음을 졸이며 살았습니다. 여러 사람들 덕에 연구를 발전시킬 수 있었고, 선생님이 저를 노벨상 후보로 추천해주신 덕에 그렇게까지 큰 상을 타게 된 거죠. 그리고 선생님께서도 원자 모형으로 세계에 이름을 날리시지 않았습니까?

|나가오카| 그거야 러더퍼드 선생이 내 이름을 자기 논문에 올려준 덕이지. 그런데 그렇게 서구에서 나를 인정해주고 나니 그제서야 갑자기 일본 안에서도 '세계적인 과학자'라며 나를 치켜세우더군. 심지어 나중에는 내가 좀 엉뚱한 연구를 해도 '세계적인 연구'라며 호들갑을 떨더라니. 세상 참 알고도 모를 일이야.

|유카와| 역시 서구의 권위에 의존하고 있다는 말씀이시군요.

TV화면에서는 미국-일본 전에서 벌어진 심판의 편파 판정을 계속해서 보여주었다. 해설자는 "미국은 우승을 해야 본전이라는 강박관념에서 결국 납득하기 힘든 심판 판정이 나왔다"며 불쾌한 표정을 지었다. 주변에 있는 출연자 모두 고개를 끄덕인다.

|나가오카| 당시에 과학은 서구인의 것이라는 선입견이 강했지. 사실은 아까 자네가 오기 전에 내 친구 아들하고도 잠깐 이 이야기를 했는데, 대중문화를 연구하는 그 친구 말로는 그런 걸 '테크노오리엔탈리즘'이라고 부르는 사람도 있다고 하더군. 과학적이고 자립적이며 독창적인 정신은 서구인의 전유물이기 때문에, 그렇지 않은 우리들은 기껏해야 남 흉내를 잘 내는 사람들이라는 이미지밖에는 얻을 수 없다는 거야.

|유카와| 글쎄요, 그건 지나친 피해의식 아닐까요? 혹은 그런 게 예전에는 있었다고 해도 지금은 많이 없어지지 않았을까요?

|나가오카| 아니야. 이번에 야구를 보니 그런 비슷한 생각이 아직도 남아 있는 것 같아. 저걸 보게. 미국 사람들은 종주국인 자기네가 야구에서 우승을 하는 게 너무나도 당연한 일이라고 생각하고 있지 않나. 아시아 사람들도 어느 정도 야구를 할지는 모르지만, 그래도 결국 자기네를 따라올 수는 없을 거라는 식 아닌

가. 자네 때는 안 그랬을지 모르지만, 내가 연구를 할 때는 '일본 사람이 무슨 과학이냐?' 하고 이상한 눈으로 쳐다보는 유럽 사람들이 적지 않았어. 남의 옷을 꿰다 입은 사람처럼 보면서 말이야. 그걸 생각하면 아직도 분통이 터지네.

|유카와| 그래도 결국 선생님의 연구 성과를 인정해준 것은 유럽 과학자들 아닙니까?

|나가오카| 사실은 그게 더 화나는 일이야. 당시 일본 과학자들은 조그마한 문제나 실용적인 문제에만 매달려서, 근본적이고 중요한 문제에는 관심이 없었어. 그러니 내가 내놓은 원자 모형 같은 문제에는 별 관심이 없었던 거지. 유럽 과학자들이 나를 인정해준 건 무척 고마운 일이지만, 그만큼 '일본의 과학이 세계 수준과는 아직도 거리가 멀구나' 하는 생각이 들어서 마음이 아팠네. 야구로 치면, 메이저리그 같은 큰 무대에서 일본인 선수의 매서운 맛을 보여줄 필요도 있는데, 다들 국내에서 스타랍시고 뽐내기만 하면서 우물한 개구리처럼 지내고 있었던 거야. 그래서 내가 비판도 많이 했지. 종종 싸우기도 하고.

|유카와| 그래도 우수한 선수들이 다들 외국으로 나가버리면 일본 야구 전체가 침체되는 것 아닙니까? 개개인의 선수 역량도

중요하지만, 팀 전체로서의 힘을 보여주는 게 더 중요하지 않을 는지요. 저는 그래서 굳이 외국으로 나가는 걸 서두르지 않았고, 일본에서 연구를 해도 잘할 수 있다는 걸 외국 과학자들에게 보 여주고 싶었습니다. 다행히도 제 주변에는 훌륭한 과학자들이 많이 있었습니다. 중간자 이론이 나오고 발전하게 된 것도 다 그 덕택이지요.

TV 화면에서는 일본 야구팀이 우승컵을 거머쥐는 장면을 몇 번 이고 보여준다. "일본, 세계를 꺾고 정상에 우뚝 섰습니다! 일본 야구 대표 선수단, 정말로 자랑스럽습니다!"라는 아나운서의 흥 분한 목소리가 들린다. 인터뷰에 응하고 있는 시민들도 대부분 들뜬 표정을 감추지 못한다.

|나가오카| 그런 면에선 자네가 참 부럽네. 우리 때야 어디 그럴 여건이나 되었나. 대학에서는 외국인 선생한테 배우고, 대학을 마친 다음에는 외국에 나가서 또 외국 사람들한테 배우고……. 그런데 물론 잘 배우는 것도 중요하지만 배운 걸 써먹을 줄도 알 아야 할 것 아닌가. 그게 큰 불만이었지.

|유카와| 그래도 선생님 세대가 잘 배우시고 기반을 잘 닦아놓으 신 덕택에 저희 세대에 와서는 제가 하고 싶은 연구를 마음대로

할 수 있었던 것 아닙니까? 그런 면에서 저는 무척 감사해하고 있습니다.

|나가오카| 그렇게 이야기해주니 고맙네. 그리고 자네 말에도 일리가 있군. 야구로 치자면 우리 세대는 던지고, 받고, 치고, 달리는 기본기를 배웠다고나 할까? 야구라는 게, 무슨 훌륭한 이론 서적만 열심히 읽는다고 잘하게 되는 게 아니지 않나. 중요한 건 그라운드에 뒹굴면서 열심히 땀을 흘리는 거지. 우선은 그런 기본기를 충실히 익혀두어야 멋진 작전이 있더라도 제대로 구사할 수 있는 거고. 투수로 치자면 마구 같은 변화구를 던지기 전에 직구부터 제대로 배워야 하는 건데, 그런 기본기는 잘 배웠다고 봐.

|유카와| 저는 어렸을 때 선생님을 보면서 '아, 직구와 커브를 잘 던지시는 분이로구나. 그것만 잘 던져도 세계적으로 인정받을 수 있구나' 하는 느낌을 받았습니다.

|나가오카| 자네는 거기에 더해서 메이저리그에도 없는 새로운 변화구를 개발한 거로군, 하하하.

|유카와| 아, 실례했습니다. 선생님도 새로운 변화구를 개발하신 거죠. 그리고 사실 저도 다른 과학자들로부터 많은 도움을 받았

습니다. 저희 때는 유명한 외국 과학자들이 일본에 와서 많은 자극이 되기도 했고, 또 저와 같은 세대의 다른 과학자들도 비슷한 문제의식을 갖고 같이 토론할 수도 있었죠. 선생님 때에 비하면야 무척이나 복 받은 거라고 할 수 있죠.

TV에는 미국 메이저리그에서 활약하고 있는 일본인 야구선수 이치로가 모델로 등장하는 영양제 광고가 나오고 있다. 이 광고에서 이치로는 인간의 경지를 뛰어넘는 듯한 타격 기술을 선보이고 있고, 이에 대해 미국 사람들이 믿을 수 없다는 듯 과장해서 놀라는 표정을 짓고 있다.

|나가오카| 난 말야, 이치로를 볼 때마다 자네가 생각나. 자네든 이치로든, 과학에서건 야구에서건, 일본 사람도 세계 최고가 될 수 있다는 걸 보여준 게 아닌가. 내 꿈을 이루어준 것 같아서 정말이지 고마울 따름이네.

|유카와| 그렇게 말씀해주시니 감사합니다. 하지만 저로서는 나라 전체가 몇 명의 스타에 너무 지나치게 열광하는 분위기는 좋지 않다는 생각이 듭니다. 제가 노벨상을 탄 당시는 전쟁에서 진 직후라 제가 과도하게 선전된 게 아닌가 싶고, 그 부작용도 나타나고 있는 것 같습니다.

|나가오카| 부작용이라……. 나로선 일본에서 과학자가 넘쳐나는 일이 벌어지리라고는 상상도 못 했네. 따라잡으려는 마음에 늘 바빴으니.

|유카와| 세월이 많이 지난 거죠. 제가 노벨상을 탄 지도 벌써 50년이 넘었고, 선생님이 활약하시던 시절로부터는 벌써 100년이나 지나지 않았습니까. 그동안 저 말고도 노벨상을 탄 친구들도 많고, 이제 일본 과학도 어느 정도 성숙했다고 봅니다. 게다가 최근에는 일본 말고 다른 주변 아시아 국가들의 과학도 부쩍 성장했습니다. 예전에 제가 있던 교토 대학에도 과학을 공부하는 한국 사람들이 몇 명 있기는 했지만 무척이나 드문 경우였는데, 이제는 한국 과학자들의 수도 많이 늘었고 그중에는 세계를 무대로 활동하는 사람들도 적지 않더군요. 아마 그 사람들도 저희와 조금씩 다르면서도 비슷한 고민을 겪고 있겠지요.

|나가오카| 그러게…… 정말이지 벌써 많은 세월이 흘렀고, 많은 것이 변했네. 이제는 나 같은 늙은이가 안달할 때는 지난 것 같군. 많은 게 달라졌으니 과학을 보는 눈이나 과학을 발전시킬 방법에 대한 생각도 달라져야겠지. 그러고 보니 나만 늙은 줄 알았는데 자네도 이제 나이를 많이 먹었군. 자네가 1907년생이니 벌써 100살인가?

|유카와| (웃음) 제가 아직도 살아 있다면 그렇게 됐겠죠.

|나가오카| 그렇군. 늦게까지 이야기하느라 힘들었을 테니 이제 돌아가 쉬게. 바쁜 사람 불러서 미안하네.

|유카와| 별 말씀을요. 좋은 말씀 많이 들어서 즐거웠습니다. 저야말로 늦은 시간까지 폐를 끼쳤습니다. 그럼 다음에 또 찾아뵙겠습니다. 안녕히 주무십시오.

長岡半太郎

ISSUE

湯川秀樹

우리나라도 과학의 중심부에 진입할 수 있을까?

신문이나 방송을 통해, 우리는 발표되는 과학 논문의 양이나 질에서 우리나라가 미국이나 유럽, 그리고 일본 등의 선진국에 비해 떨어진다는 이야기를 어렵지 않게 접한다. 그렇다면 이는 우리나라 사람들이 선진국 사람들에 비해 머리가 나쁘다는 것을 의미하는 것일까? 그런데 초등학생이나 중학생의 수학과 과학 성적에서는 우리나라 학생들이 세계적으로도 상위를 점하는 결과가 자주 나타나는 걸 보면 꼭 그렇지도 않은 것 같다.

그러한 이유에서 자주 언론의 도마에 오르는 것이 교육 문제인데, 아마도 교육의 질과 과학지식의 생산성 사이에 아무런 관계가 없다고는 하기 힘들 것이다. 그렇다면, 어떻게 하면 우리도 선진국들처럼 우수한 과학자를 길러낼 수 있을까? 그리고 과연 교육만 잘 시키면 우리도 선진국들과 같은 높은 과학 생산성의 단계에 도달할 수 있는 것일까?

그런데 사실 교육과 연구는 다른 차원의 문제다. 이미 알려진 지식을 배우는 과정에서의 과학과 아직 해답이 없는 주제를 알아나가는 과정에서의 과학은 매우 다른 모습을 보이는 것이다. 사실이 널리 알려져 있고 그에 대한 설명이 잘 확립되어 있는 과거완료형의 과학인 경우에는 학교 교육이나 교과서를 통해 체계적으로 가르치는 것이 가능하다. 한편 아직 사실 관계가 밝혀지지 않았거나 알려져 있다고는 해도 왜 그런지에 대한 설명이 제대로 확립되어 있지 않은 현재진행형의 과학은, 미지의 영역과 불확실성의 영역을 지니고 있는 까닭에 교과서 안의 과학과 같이 깔끔하게 정돈된 모습을 지니고 있지 않지만, 바로 그렇기 때문에 많은 유능한 과학자들이 시간과 땀과 연구비를 투자해가면서까지 연구할 만한 가치가 있는 것이다.

이렇게 생각해본다면, 교육의 질적 향상이 연구 생산성의 향상을 위한 충분조건은 아닌 것 같다. 뛰어난 운동선수가 모두 훌륭한 감독이 되는 것은 아니고, 반대로 훌륭한 감독 중에서도 선수 시기에는 그다지 빛을 보지 못한 사람이 있다는 것을 생각한다면, 과학자의 경우에도 비슷한 차이가 존재하는 것은 아닐까? 그리고 잠재력이 있었음에도 불리한 환경 때문에 이름을 남기지 못한 과학자들도 있었을 것이다.

과학지식이라는 목적지에 도달한 이후와 달리, 그 목적지에 도달하기 위한 탐험의 과정에서는 비교적 사소한 것처럼 보이는 요인들이 중요한 영향을 끼칠 수도 있다. 지도를 손에 쥐기 전 단계에 벌어지는 탐험에서는 나침반과 같은 도구나 기술을 지닌 사람이 유리할 수도 있고, 지형이나 동식물에 대한 지식과 경험을 가진 사람이 유리할 수도 있으며, 많은 부하들을 조직적으로 관리하는 능력을 지닌 사람이 유리할 수도 있다.

과학 활동이 이루어지는 장소가 어디인지가 문제 되는 것은 이와 같이 탐구의 과정에서는 여러 환경적 요인이 중요한 영향을 끼칠 수 있기 때문이다. 그런데 이러한 탐구 과정에 필요한 환경은 공간적으로 균일하게, 혹은 공평하게 분포되어 있는 것은 아니다. 그런데 이러한 공간적 불균형은, 좁게는 같은 나라 안에서도 대도시와 지방, 또는 같은 연구기관 안에서도 나타날 수 있지만, 넓게 봐서는 과학의 선진 지역과 그렇지 않은 지역 사이의 차이로 나타나기도 한다. 단순화해서 이야기하자면, 과학 연구의 선진 지역에 있는 과학자들은 연구를 진행해나가는 데 유리한 위치에 있는 반면, 제3세계를 비롯해 과학 활동의 주변 지역은 과학 하기에 좋은 환경을 갖추기가 힘들어 유능한 과학자들이 해외로 빠져나가는 어려움을 겪기도 한다.

이러한 차이가 나타나는 원인은 우선, 연구를 위한 하드웨어 및 소프트웨어를 어느 정도 갖추고 있느냐에서 찾아볼 수 있다.

현대 과학은 거대한 관측 시설이나 정교한 실험 장치, 거대용량의 컴퓨터 등을 필요로 하는 경우가 적지 않으며, 이러한 하드웨어를 갖추기 위해서는 그에 필요한 재정 지원은 물론 연구 하드웨어를 조달하고 운영하며 관리하기 위한 기술적 기반도 필요하다. 그런데 이러한 물질적 환경을 갖출 수 있는 것은 과학 선진국인 경우가 많으며, 제3세계 등을 비롯한 과학 활동의 주변 지역에서는 재정상 곤란이나 사회적인 무관심, 기술적 지원 시스템의 부족 등으로 어려움을 겪기 쉽다.

한편으로, 이러한 하드웨어뿐만 아니라 소프트웨어 측면에서도 과학 연구의 중심 지역과 주변 지역에는 차이가 나타날 수 있다. 과학 연구를 수행해나가는 과정에서는 실험의 설계, 실행, 해석, 기계 장치의 고안 및 운영 등 눈에 보이지 않거나 말로는 설명하기 힘든 지식이나 경험이 중요한 경우가 많다. 그런데 이러한 지식이나 경험은 논문에 실을 수 있는 데이터와는 달리 글로 표현하기 곤란하기 때문에 쉽게 다른 지역으로 전파되기 어려운 특징을 지닌다. 따라서 이러한 지식이나 경험은 원래 이것이 생겨난 연구기관 내부의 전유물이 되거나, 인적 이동 및 접촉을 통해 제한된 범위에서 퍼져 나가곤 한다. 즉 과학 연구에는 논문을 통해 얻을 수 있는 지식 이외에도 중요한 지식이나 경험이 필요한데, 이런 소프트웨어 면에서 뒤떨어진 지역에서는 전달되기 힘든 그런 지식을 따라잡기가 어려울 수밖에 없는 것이다. 결국 이러한 하드웨어와 소프트웨어의 차이에 의해 과학 연구의 중심부와 주변부 사이에는 생산되는 지식의 양과 질이 차이가 날 수 있다고 하겠다.

다른 한편으로, 과학 연구의 중심부에는 유능한 과학자와 고급 정보가 모이기 쉽다는 측면도 생각해볼 수 있다. 유능한 연구자가 많은 곳에서는 새로운 연구 동향이나 연구 방법 등 최신의 중요한 정보들을 교환하기 쉽고, 이는 연구의 질적 향상에 도움이 된다. 반면, 이러한 정보가 부족한 곳에서는 한물간 문제의식이나 연구 방법 등에 매달려 그 연구 성과가 그다지 주목받지 못할 수 있다. 마치 개발도상국이 원료나 재료를 수출하면 선진 공업국이 이를 가공해 고부가가치 상품을 제조하고 자신들의 상표를 달듯이, 연구 면에서도 주변 지역의 연구자들이 좁은 시야에서 낙후된 방법으로 연구를 수행하면 중심 지역의 과학자들이 보다 넓은 이론적 틀을 바탕으로 이를 재해석하는 분업 구조가 작동할 수 있는 것이다.

한편, 평가 면에서도 과학의 중심부와 주변부 사이에는 차이가 날 수 있다. 노벨상 수상자 밑에서 공부하거나 함께 연구를 한 과학자들이 노벨상을 수상하기 쉽고 그 수상 연령도 상대적으로 낮다는 조사 결과를 보면 알 수 있듯이, 권위 있는 과학자와의 접촉은 자신의 연구를 평가받을 수 있는 기회가 증가한다는 것을 의미한다. 불특정 다수를 대상으로 하는 논문과 달리 일상적인 연구 접촉은 그만큼 스스로의 연구 내용을 쉽게 알릴 수 있는 통로가 되기 마련이다. 따라서 과학 선진국의 유명한 연구 기관에 소속된 과학자들은 평가 면에서도 유리한 위치를 확보하기 쉽다. 또한 기본적인 의사소통 수단으로 영어의 중요성이 점점 커져감에 따라, 연구자의 경우에도 영어로 의사소통을 할 수 있는 능력이 더욱더 중요해지고 있다. 이러한 언어 장벽도 영어에 능숙하지 못한 연구자들에게는 하나의 어려움이 될 수 있다.

즉 경제나 산업 분야에서와 비슷하게 과학 연구의 측면에서도 미국이나 유럽을 비롯한 중심 지역과 그 외의 주변 지역에서는 환경과 여건의 불균형이 존재한다. 바로 이러한 차이가 각 지역에서 생산되는 지식의 양과 질의 차이를 빚어낸다고 할 수 있는데, 이 불균형은 역사적으로 형성되어온 것이다. '지식인과의 만남'에서도 이야기했듯이 현재 우리가 일상적으로 접하는 과학은 서구에서 시작되었으며, 제국주의적 팽창을 매개로 그 범위를 전 세계로 넓혀왔다. 이러한 과정에서 서구인들은 과학 연구에 필요한 지식과 경험, 물질적 환경, 제도, 연구 전통 등을 선도적으로 확립해왔으며, 이들의 식민지거나 반식민지였던 다른 지역은 이에 대한 부수적인 역할을 담당해왔을 뿐이었던 것이다.

그렇다면, 이렇듯 불리한 입장에 놓여 있는 우리의 과학은 중심부로 진입할 수 없는 것일까? 하지만 이 책에서 살펴본 바와 같이 과학의 변방이었던 일본이 중심부로 진입하는 데 성공했다는 점을 생각한다면, 주변부에서 중심부로의 이동이 결코 불가능한 것은 아니라는 사실을 알 수 있다.

사실, 앞에서 말한 지정학적인 불균형은 전반적인 것도, 고정적인 것도 아니다. 좀더 자세히 들여다보면, 과학 전반에서는 뒤떨어진 지역이라 할지라도 특정 분야에서는 앞서 있는 경우가 있으며, 다른 한편으로 시대의 변화에 따라서 선진 지역에 비해 상대적으로 후진 지역의 양상은 바뀌기도 했다. 현재는 미국의 과학이 거의 모든 분야에서 압도적인 것처럼 보이지만, 그 이전에는 독일의 과학이 각광을 받았고, 또 그 이전에는 프랑스나 영국의 과학이 더 빨리 정착되었다. 이런 점을 볼 때, 과학 연구에서의 지리적인 중심성과 주변성의 문제를 불변하는 본질적인 문제로 생각할 필요는 없다.

단, 이러한 주변성이라는 불리함을 극복하는 게 결코 간단한 일은 아니라는 점은 두말할 필요가 없겠다. 주변 지역이 중심의 위치까지 올라가기 위해서는 인적·물적 자원의 확보, 연구에 필요한 지식과 경험의 축적 등이 필요한 까닭에 오랜 시간에 걸친 부단한 노력이 반드시 요구되는 것이다. 여기서 유의할 것은 교육이 모든 문제해결의 열쇠를 쥐고 있다거나, 노벨상만 타면 즉시 중심부로 진입할 수 있다는 식의 단순한 사고방식은 곤란하다는 점이다. 과학 연구란 여러 요인들이 복합적으로 작용하는 종합적인 활동이므로, 과학을 발전시키는 방법을 찾아내기 위해서는 여러 요인들을 폭넓게 살펴보는 자세가 필요하다고 하겠다.

일본, 우리나라 그리고
노벨상

　이 책에서는 일본의 유명한 물리학자들인 나가오카와 유카와를 통해 19세기 말부터 20세기 중·후반에 이르기까지 일본의 과학을 짚어보았다. 하지만 여기서 다룬 내용이 일본 과학의 전체 모습을 반영하는 것은 결코 아니며, 물리학이 가장 중요한 과학 분야라는 것도, 노벨상을 탄 과학자만이 중요하다는 것도 아니다. 이 책에서 나가오카와 유카와는 그간 일본의 과학이 걸어온 길을 되짚어봄으로써 우리나라의 과학에 대해서도 생각해볼 기회를 제공하는 하나의 프리즘으로서의 역할을 한 것이다.

　일본 과학이 주변부에서 시작된 것이라고 이야기했지만, 우리나라는 그 주변인 일본의 주변으로 시작된 측면이 적지 않다. 특히 우리나라는 일본의 식민지가 됨으로써 자립적으로 과학을 발전시켜나갈 기회를 적잖이 상실했고, 다른 한편으로는 일본의 과학자들과 일본 '제국'에 연구 대상을 제공하는 수동적인 입장에 놓여 있었다고 할 수 있다.

물론 일본의 식민지였던 시절에도 한국인 과학자가 전혀 성장하지 않았던 것은 아니며, 그들 중 일부는 상당한 명성과 지위를 누리기도 했고 식민 지배로 고통당하고 있던 한국인들에게 희망을 안겨주기도 했다. 그러나 그렇게까지 성장한 한국인 과학자들의 수는 매우 적었으며, 대부분은 제국과 식민지의 위계질서라는 한계 속에서 과학 연구의 중심적인 위치까지 성장하지는 못했다. 일부 과학자들이 각광받았다는 것은, 뒤집어보면 그만큼 그러한 과학자가 적었다는 것, 그리고 그 정도로 우리의 과학계 전반이 변방에 놓여 있었음을 의미하는 것이기도 하다.

일본의 식민 지배에서 벗어난 이후에는 미국의 원조 등을 통해 우리나라의 과학도 조금씩 자립해가기 시작했지만, 새로운 지식을 창출해낸다는 의미에서의 연구 활동이 자리잡는 것은 결코 쉬운 일이 아니었다. 새로운 것을 알아내기보다는 선진국의 연구 성과를 배우는 것이 더 급할 수밖에 없었던 시대적 상황, 연구를 수행하는 데 필요한 설비와 환경의 미비, 그리고 손을 움직이는 것보다는 머리를 쓰는 것을 더 높게 평가하는 풍토 등으로 인해 우리가 독자적으로 창출해낸 과학지식을 세계에 펼쳐보이는 단계에 다다르는 것은 좀처럼 쉽지 않았다. 하지만 최근 들어, 산업 구조의 변화로 인해 경쟁력을 갖추기 위해서는 우리 스스로 지식을 만들어내야 할 필요성이 증대되었다는 점, 경제 성장의 덕택으로 예전보다 나은 연구 환경을 제공할 수 있게 되었다는 점, 그리고 대학에서의 과학 연구가 산업계와 밀접해졌다는 점 등과 같은 변화에 따라서 우리나라의 과학 연구도 점점 더 그 지식 생산성이 높아져가고 있다.

그렇다면 이제, 우리도 노벨상을 받는 과학자를 배출하기만 하면 될까? 사실, 노벨상 수상자라는 것은 그의 연구 업적이 국제적으로 평가되었다는 것을 뜻하는 것이므로, 한국인 노벨상 수상자의 배출이 한국인 과학자의 능력을 세계적으로 인정받는 계기가 된다는 데는 그다지 의문의 여지가 없을 것이다.

하지만 그렇다고 해서 노벨상 수상자의 배출이 한국 과학의 자립성을 증명하는 지표라고 하기에는 어려움이 있다. 우선, 노벨상이 중요한 연구 업적을 정확하게 반영한다고 하기는 곤란한 측면이 있다. 노벨상 후보의 추천 기회는 대체로 유명한 연구기관에 소속된 권위 있는 과학자에게 더 많이 돌아가기 때문에, 결국 노벨상은 특정 지역이나 특정 연구기관의 과학자들에게 몰릴 가능성이 높은 것이다. 뒤집어 말하면, 과학의 주변 지역에서 성장하고 교육을 받은 탓에 권위 있는 학술지에 논문을 싣는 데도 어려움이 있고, 세계적인 권위자에게 스스로의 연구 성과를 선보이는 데도 한계가 있는 과학자의 경우는 그만큼 업적을 평가받기 어렵다고 할 수 있다.

다른 한편으로, 만약 한국인 과학자가 외국에서 수행한 연구 업적이 좋은 평가를 받아서 노벨상을 타게 되었을 경우, 그것은 그 과학자의 능력이나 업적이 뛰어남을 보여주는 것일 수는 있어도 우리나라의 연구 수준이 어떠한지를 보여주는 것과는 별개의 문제라고 할 수 있다. 오히려, 역으로 그렇게 뛰어난 과학자라 할지라도 노벨상을 수상할 정도의 업적을 내기 위해 외국에서 연구를 해야만 했을 만큼 우리나라의 연구 환경이 훌륭하지 못하다는 것을 의미하는 것일 수도 있다.

이러한 점 등을 감안해본다면, 한국인 과학자가 노벨상을 수상했을 때 우리가 이를 즐거워할 수는 있지만, 노벨상 수상자를 배출하는 데 집착하는 것은 오히려 역효과를 낼 수도 있다는 것을 생각해봐야 한다. 또한 노벨상을 수상하지 못한 과학자가 무능한 과학자인 것은 결코 아니며, 훌륭한 업적을 남겼음에도 제대로 평가받지 못한 과학자도 있을 수 있고, 인류나 사회에 큰 공헌을 했음에도 불구하고 노벨상 위원회의 평가 기준과는 맞아떨어지지 않기 때문에 상이 주어지지 않은 경우도 있을 수 있다.

요즘은 '지식 사회'가 되어간다는 표현을 어렵지 않게 접할 수 있는데, 이는 우리 주변의 정치, 경제, 사회, 문화적인 문제를 풀어가기 위해서는 그만큼 과학을 비롯한 여러 지식들이 점점 더 중요해져간다는 것, 그리고 '노벨상'이라는 화려함에 가려진 여

일본의 노벨상 수상 내역		
물리학상		
1949	유카와 히데키(湯川秀樹)	소립자 이론에 관한 연구
1965	도모나가 신이치로(朝永振一郎)	양자전기역학 분야 기초적 연구
1973	에사키 레오나(江崎玲於奈)	반도체 물리학
2002	고시바 마사토시(小柴昌俊)	초신성에서 우주 뉴트리노(중성미자)를 검출
화학상		
1981	후쿠이 겐이치(福井謙一)	화학반응 이론 연구
2000	시라카와 히데키(白川英樹)	전도성 고분자 발견
2001	노요리 료지(野依良治)	광학 활성 촉매를 이용한 광학이성질체합성법
2002	다나카 고이치(田中耕一)	연성 레이저 이탈 기법 개발
생리의학상		
1987	도네가와 스스무(利根川進)	항체 생산 유전자의 면역 메커니즘 규명
문학상		
1968	가와바타 야스나리(川端康成)	소설 《설국(雪國)》
1994	오에 겐자부로(大江健三郎)	소설 《만연원년의 풋볼(万延元年のフットボール)》
평화상		
1974	사토 에이사쿠(佐藤榮作)	오키나와 반환 협정 조인

러 연구 활동에도 관심을 더 가져야 한다는 것을 의미한다. 올림픽에서 금메달을 많이 가져가는 나라보다는 생활 체육이 정착해 있고 누구나 어렵지 않게 스포츠 활동에 참가할 수 있는 나라가 신체적으로 더 건강한 나라인 것과 마찬가지로, 노벨상 수상에 집착하기보다는 그 사회에 필요한 과학지식을 꾸준히 창출해내

는 나라가 과학 분야에서 더 성숙한 나라라고 할 수 있다.

물론 유카와의 노벨상 수상의 경우에서 보았듯이 노벨상 수상
자를 배출한다는 것은 국민들에게 자긍심과 희망을 주는 것이
사실이다. 하지만 노벨상 수상자를 배출하기 위해, 또는 노벨상
수상자를 배출함으로써 특정 분야에 지나치게 많은 인재와 물적
자원이 몰리게 되었을 경우, 그 나라 과학 전체의 건전한 균형이
깨져버릴 수도 있다는 점도 눈여겨볼 필요가 있다.

'일본'이라는 키워드

 이 책의 주인공은 일본인들인데, 사실 일본을 바라보는 우리의 입장은 복잡한 게 사실이다. 최근에는 대중 문화나 관광객의 교류를 통해 서로를 점점 더 가깝게 느끼고 있는 것 같기도 하지만, 정치적인 문제를 둘러싸고는 여전히 싸늘한 시선이 흐르고 있다. 일본은 경제 대국으로서, 그리고 기술 선진국으로서 우리에게 선망의 대상이 되는 동시에, 일본인은 모방만 잘하는 종족이라는 부정적인 이미지로 그려지기도 한다. 그런데 이렇듯 모순되는 상황과 이미지는, 사실 조심스럽게 분석해봐야 할 대상이다. 여기서는 이러한 복잡한 이미지가 어떠한 맥락에서 형성되어온 것인지에 대해 간단히 짚어보기로 하자.

 이 책에서 소개한 나가오카의 고민에서도 드러나고 있었듯이,

일본의 근대는 서구에 대한 열등감을 안고 시작되었다고 할 수 있다. 그리고 이러한 열등감은 여전히 불식되지 않은 상태라고도 할 수 있다. 세계적인 첨단 기술을 자랑하는 현재의 일본이 여전히 노벨상에 목말라 하고 스스로의 과학 능력에 대해 초조함을 보이고 있는 것이다. 이는 여전히 과학이 '서구로부터 빌려 온 것'이라는 심리적인 부채의식을 지니고 있다는 것을 의미한다고 할 수 있다.

일본은 비非서구 지역에서는 빠른 기간 내에 서구 문명의 일원으로 편입하게 된 대표적인 예라고 할 수 있다. 1850년대에 서구 열강의 압력에 의해 문호를 개방하게 된 일본은 이후 정치 체제에서부터 의식주와 같은 생활의 기본적인 측면에서까지 스스로를 서구식 사회로 만들고자 했으며, 20세기 초입에는 대제국 러시아를 꺾어 백인 국가만이 세계의 열강은 아니라는 사실을 보여줬다. 또한 이러한 맥락에서, 일본인에 의한 과학 연구란 지적인 측면에서도 일본이 서구인으로부터 문명국 클럽의 일원으로 인정받을 수 있는 강력한 근거로 제시되기도 했다. 그리고 결국 현재의 일본이 과학기술의 선진국이 되었다는 사실을 의심하는 사람은 아마도 거의 없으리라. 그럼에도 불구하고, 아직도 일본은 서구인을 중심으로 하는 '문명국 클럽'에서 이질적인 존재로 보인다. 인종이라는, 신체와 문명을 둘러싼 이데올로기적인 선 긋기가 여전히 힘을 발휘하고 있는 것은 아닐지.

동아시아 사회는 전통적으로 유럽인들을 동아시아적인 도덕 기준을 만족시키지 못하는 '오랑캐'로 여겨왔지만, 반대로 유럽인들의 눈에 동아시아인은 서구적인 가치를 만족시키지 못하는 미개인, 기껏해야 '고상한 미개인'이었다. 서구 중심적인 사고에서는, 자유로운 시민 사회와 진보적인 과학 문명을 갖춘 자신들이야말로 계몽되고 성숙한 존재였던 것이다.

이러한 대치 상태에 변화를 주게 된 중요한 계기는 유럽인들에 의한 힘의 과시였다. 영국과 청나라 사이에 벌어진 전쟁은 영국의 아편 무역이 빌미가 된 것으로, 영국의 입장에서 볼 때 결코 도덕적으로 아름다운 전쟁은 아니었지만, 서구의 기술력이 지닌 압도적인 힘은 확실히 눈에 띄는 것이었다. 이러한 가운데 위기의식을 느끼게 된 일본은 '동아시아 문명권의 막내'라는 지위에서 '가출'하게 되었고, 하루빨리 서구적인 문명국이 되고자 하는 마음에서 서구의 의회 제도와 법체계, 그리고 철도, 전신, 항만 등 서구의 소프트웨어와 하드웨어를 도입했다. 또한 옷이나 건물 등 일본의 시각적인 환경도 서구식으로 바꾸었으며, 심지어 서구인과 같은 건장한 체격이나 하얀 피부까지도 따라잡아야 할 목표로 설정되기도 했다.

일본의 서구화는 서구 사회와 서구인을 동경하면서 이를 따라하고자 해왔다는 측면에서 분명히 모방이라는 측면을 지니고 있다고 할 수 있다. 하지만 다른 한편으로, 과학과 민주주의라는 가치가 과연 서구인들만의 전유물인가에 대해서는 생각해볼 필요가 있다. 혹시 합리적이고 자립적인 정신이 본질적으로 서구 문명에 속한다는 서구 중심적인 인식이, 자신들과는 다른 일본인은 '모방자'에 불과하다는 관념을 증폭시킨 것은 아닐까? 그렇기 때문에, 일본이 최첨단 과학기술을 자랑하는 지금도 서구인의 입장에서 일본인은 자립적이고 독창적인 주체가 아니라 기껏해야 '뛰어난 모방자'에 머물러야만 하는 것은 아닐까?

일본 제국주의에 의한 식민지 지배의 아픈 기억을 지니고 있는 우리에게 '일본인들은 모방은 잘할지 모르지만 독창적으로 과학지식을 생산해내는 데는 서툴다'는 식의 인식은 심리적인 만족을 제공해주는 측면이 있으며, 일본인들과는 다른 우리는 그들을 금방 따라잡을 수 있으리라는 희망을 제공해주는 것 같기도 하다. 하지만 그러한 이야기가 혹시 서구 중심적인 편견에 기인하고 있는 것이라면, 우리로서는 그러한 소문을 조심스럽게 뜯어 살펴볼 필요가 있다. 과연 서구인들은 우리를 일본보다 높은 문명의 단계에 진입한 것으로 여기고 있을까? 섣부르게 서구인의 안경을 통해 본 일본의 모습을 비하하는 것은, 자칫 우리 자신을 스스로 비하하는 '누워서 침 뱉기'가 될 수도 있다는 점에 유의할 필요가 있다.

결국 우리에게 필요한 것은 피상적인 관찰이나 소문을 통해 일본이나 서구에 대한 성급한 이미지를 만들어내는 것이 아니라, 그들이 어떠한 역사적 과정을 통해 현재를 만들어왔는가를 구체적으로 짚어가는 것이라고 할 수 있다. 그리고 이를 우리의 눈으로 이해하기 위해서는, 정치적인 맥락에서 만들어져온 선 긋기와 이미지들을 현명하게 가려내는 태도를 지녀야 할 것이다.

에필로그

Epilogue

지식인 지도

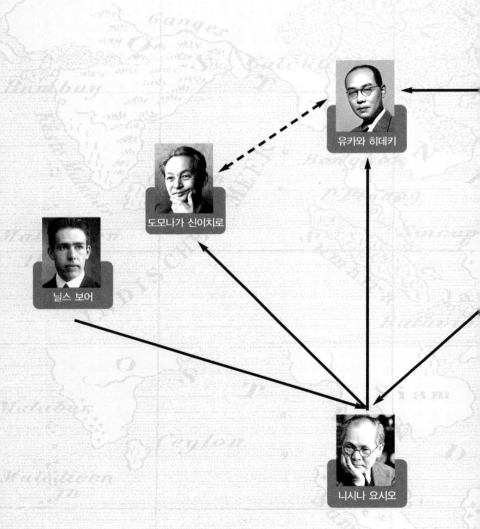

유카와 히데키

도모나가 신이치로

닐스 보어

니시나 요시오

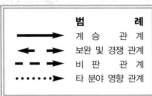

범 례
計 승 관 계
보완 및 경쟁 관계
비 판 관 계
타 분야 영향 관계

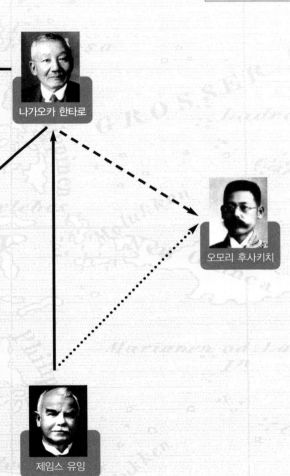

나가오카 한타로

오모리 후사키치

제임스 유잉

지식인 연보

• 나가오카 한타로

1865	나가오카 태어남
1882	도쿄 대학 입학
1888	'자기'에 관한 첫 논문 발표
1893	독일로 유학(1896년까지)
1900	제1회 국제물리학회에 참석
1903	토성형 원자 모형 발표
1917	이화학연구소 물리부장
1926	도쿄 대학 정년퇴임
1931	오사카 대학 총장에 취임
1937	제1회 문화훈장 받음
1939	제국학사원장에 당선
1950	85세로 사망

키워드 찾기

- **입자가속기** particle accelerator 강력한 전기장이나 자기장을 이용하여 전자나 양성자와 같이 전하를 띤 입자들을 가속시키는 장치. 이 장치는 이러한 입자들에 인위적으로 거대한 운동 에너지를 부여함으로써, 원자핵을 비롯한 원자 내부의 구조를 실험적으로 연구할 수 있게 했다는 점에서 획기적이었다.

- **소립자** elementary particle 원자를 구성하는, 원자보다 작은 입자. 원래 '원자(atom)' 라는 이름은 '더 이상 쪼갤 수 없는 물질의 가장 근본적인 구성 단위' 라는 그리스어에서 왔지만, 1897년에 전자가 발견된 이후 양성자, 중성자, 양전자, 중간자 등 많은 종류의 소립자가 발견되었다.

- **오리엔탈리즘** orientalism 서구인들의 동방에 대한 관심, 또는 그러한 관심 속에 녹아 있는 유럽 중심적인 편견. 원래는 유럽인들이 자신들과는 다른 세계에 대해 지닌 취향을 의미했으나 제국주의 팽창과 더불어 비유럽 세계의 '다름' 은 '비과학적, 비합리적, 신비적' 이라는 '열등함' 을 상징하게 되었다.

- **우주선** cosmic rays 우주 공간을 날아다니고 있는 고속의 소립자. 과학자들은 이를 통해 많은 종류의 소립자들을 발견해왔으며, 다른 한편으로 이를 우주에 관한 연구에도 이용해왔다.

- **제국주의** imperialism 한 국가의 정치경제적 지배권을 그 밖으로 확대시키려는 국가의 행위나 성향. 특히 1870년대부터 20세기 초에 걸쳐서 세계 열강들이 자국의 이익을 위해 세계를 자기 세력권으로 몰아넣어 간 것을 의미하는 경우가 많다.

- **황화론** 黃禍論 황색 인종의 움직임이 서구 문명에 대한 위협이 되리라는 인종차별적 주장으로, 19세기 후반부터 나타났다. 중국의 값싸고 풍부한 노동력, 그리고 일본의 군사적 팽창 등이 이러한 주장의 근거가 되었다.

깊이 읽기

이 책에서는 뛰어난 과학적 성과를 남긴 물리학자들의 이야기를 다루었다. 하지만 그러한 과학적인 업적이 만들어지는 과정은 무척 복잡한 모습을 띠고 있는 까닭에 이를 명쾌하게 이해하기는 힘든 것이 사실이다. 이 책에서 다룬 내용을 보다 깊이 있게 이해하기 위해서는 다음의 책들이 이에 도움이 될 것이다.

• 홍성욱 · 이상욱 외, 《뉴턴과 아인슈타인 : 우리들이 몰랐던 천재들의 창조성》 - 창작과비평사, 2004

뉴턴과 아인슈타인이라는 두 명의 천재 과학자를 대상으로, 그들이 독창적인 이론을 만들어가는 과정을 구체적으로 추적해가고 있다. '천재성'에 대한 과장된 이미지를 배제하는 대신 그들이 실제로 어떠한 환경에서 어떠한 과정을 거쳐가며 커다란 과학적 성취를 이루게 되었는가를 차분하게 서술하고 있는 것이다. 물리학적, 또는 철학적 개념이 등장하기도 하므로 부분 부분 어렵게 느껴질지 모르겠지만, 전체적으로는 평이한 서술을 유지하고 있다.

• 박지향, 《일그러진 근대 : 100년 전 영국이 평가한 한국과 일본의 근대성》 - 푸른역사, 2003

서구에 대해 주변적인 위치에 놓여 있었던 일본, 그리고 그 일본의 식민지가 되고 말았던 우리나라가 근대를 어떻게 접했는지, 그리고 서구인들은 이를 어떤 눈으로 바라보고 있었는지에 대해서 알기 쉽게 해설해준다. 간혹 쉽게 접근하기 힘든 개념이나 용어들도 등장하지만, 글의 전체 문맥 속에 대체로 녹아들어가 있으므로 차근차근 읽어나가면 그다지 어렵지 않게 이해할 수 있을 것이다.

• 나카야마 시게루, 《전후 일본의 과학기술》 - 소화, 1998

일본의 과학기술에 접근하기 쉽게 우리말로 씌어진 책은 별로 없지만, 전후 일본 과학기술의 역사적 전개에 대해서는 이 책을 읽으면 그 대략적인 상황을 이해할 수 있다.

• 마이니치신문 과학환경부, 《이공계 살리기》 – 사이언스북스, 2004
이공계 기피현상 등 현재 우리가 지니고 있는 문제와 관련해서 일본의 상황에 대해서도 관심이 있는 독자라면 이 책을 통해 현재 일본의 과학기술이 처해 있는 상황을 짚어볼 수 있다.

이상의 책들은 비교적 폭넓은 독자들을 대상으로 한 것이지만, 좀더 깊이 있는 독서를 하고 싶은 독자라면 다음과 같은 책을 권한다.

• 한양대학교 과학철학교육위원회, 《과학기술의 철학적 이해》 – 한양대학교출판부, 2004 / 이중원 · 홍성욱 · 임종태 외, 《인문학으로 과학읽기》 – 실천문학사, 2004
위의 두 책은 과학에 대한 철학적 논의, 사회적 맥락 속에서의 과학기술, 동아시아의 과학기술, 과학기술이 우리 사회에서 지니고 있는 의미 등에 대해 여러 연구자들의 논문을 모은 책이다.

• 홍성욱, 《생산력과 문화로서의 과학기술》 – 문학과지성사, 1999 / 《과학은 얼마나》 – 서울대학교출판부, 2004
과학기술을 둘러싼 근본적인 쟁점에 관심이 있는 독자라면 이 책을 읽어가면서 정리해볼 수 있다.

• 김근배, 《한국 근대 과학기술인력의 출현》 – 문학과지성사, 2005
우리나라 과학기술의 초기 형성 과정을 우리가 일본의 식민지였다는 문제의식을 통해 풀어낸 책이다.

EPILOGUE 5

✦

찾아보기

孟子
Jacque Ellul
Alvin Toffler
Albert Einstein
Niels H. D. Bohr
Hawking
Richard M. Rorty
John Dewey
Isaac Newton
René Descartes
湯川秀樹
Montesquieu
Alexis De Tocqueville
James D. Watson
Francis H. C. Crick
Max Weber
Émile Durkheim
Martin Heidegger
Edmund Husserl
Thomas S. Kuhn
Karl Marx
Karl Popper
Fried...
박주명
우장춘
Chomsky
Galileo Galilei
Johannes Kepler
退溪
栗谷
...dwig J. J. Wittgenstein
J. Robert Oppenheimer
Werner K. Heisenberg
Franz Boas
Margaret Mead
Mircea Eliade
Jonathan Z. Smith
Walter Benjamin
Theodor W. Adorno
Robert Boyle
Michel Foucault
Jürgen Habermas

인류의 지성사를 이끌어온
100인의 지식인 마을 주민들